激光诱导击穿光谱技术
与大气环境探测

刘玉柱　邢冠华 等　著

U0262650

科学出版社

北京

内 容 简 介

本书结合最新研究成果，介绍了激光诱导击穿光谱技术在大气环境探测中的前沿应用及激光诱导击穿光谱技术和实验系统，阐述了基于激光诱导击穿光谱技术的大气环境在线探测的最新进展，包括大气颗粒物重金属元素及碳同位素探测、大气污染溯源、大气环境中的挥发性有机物（VOCs）和硫的探测、大气湿沉降的农作物污染和水汽探测等，展示了光谱技术在大气科学交叉研究领域的学科内涵和重要应用。

本书可供光学工程、大气科学、光电信息科学与工程、大气环境、大气探测、物理学、电子信息专业的高校师生和工程技术人员阅读参考，也可作为光谱技术、光电检测、环境监测、激光光谱、环境光学、地球化学等相关领域科研人员的参考读物。

图书在版编目（CIP）数据

激光诱导击穿光谱技术与大气环境探测/刘玉柱等著. —北京：科学出版社，2022.6
　　ISBN 978-7-03-072405-2

Ⅰ. ①激⋯　Ⅱ. ①刘⋯　Ⅲ. ①激光光谱-应用-大气监测　Ⅳ. ①X831

中国版本图书馆 CIP 数据核字（2022）第 090746 号

责任编辑：王腾飞　沈　旭　石宏杰/责任校对：崔向琳
责任印制：张　伟/封面设计：许　瑞

科学出版社 出版
北京东黄城根北街 16 号
邮政编码：100717
http://www.sciencep.com

北京中石油彩色印刷有限责任公司 印刷
科学出版社发行　各地新华书店经销
*
2022 年 6 月第 一 版　开本：720×1000　1/16
2022 年 6 月第一次印刷　印张：11 3/4
字数：237 000
定价：**99.00 元**
（如有印装质量问题，我社负责调换）

前　言

当前，全球都面临着资源短缺、环境污染、生态破坏等问题。党的十八大明确地把生态文明建设纳入建设中国特色社会主义事业总体布局，系统阐述了推进生态文明建设的战略意义、基本方针和主要任务，确立了建设中国特色社会主义"五位一体"总体布局。十八大报告指出，建设生态文明，是关系人民福祉、关乎民族未来的长远大计。面对资源约束趋紧、环境污染严重、生态系统退化的严峻形势，必须树立尊重自然、顺应自然、保护自然的生态文明理念，把生态文明建设放在突出地位，融入经济建设、政治建设、文化建设、社会建设各方面和全过程，努力建设美丽中国，实现中华民族永续发展。

近几年来，生态文明建设观念已经深入人心，大气污染也得到社会各界人士的关注。南京信息工程大学前身为南京大学气象学院，是我国仅有的两所气象专业高校之一。现在通过交叉融合，大气科学已经扩展衍生出两个大的学科群：地理科学与环境生态。与以往不同的是，信息技术是大气科学最重要的支撑之一。"气象"+"信息"是学校正在打造的交叉融合学科品牌，以大气科学学科群为主体努力建成世界一流大学，以环境生态和信息工程学科群为两翼建成国内一流学科，形成包括基础学科群、支撑学科群和一流学科群的三维学科生态体系。

作为一名从事光学工程的科技工作者，同时作为南京信息工程大学激光光谱课题组负责人，近几年笔者带领课题组成员，与中国环境监测总站、暨南大学等开展深入合作，通过自主设计，成功研制了高功率激光诱导击穿光谱探测实验系统，开展一系列大气环境和大气污染物在线探测研究，获得了系列工作进展，发表在 *Journal of Analytical Atomic Spectrometry*、*Optics Express*、*Optics and Lasers in Engineering*、*Chemosphere*、*Spectrochimica Acta Part B: Atomic Spectroscopy*、*Optics and Laser Technology* 等国际知名期刊上，同时系列工作进展近期还作为综述被 *Atomic Spectroscopy* 期刊报道。作为光学工程与大气科学的交叉研究，大气环境的激光在线探测研究具有重要意义。

全书共分为以下 9 章。

第 1 章介绍研究背景，具体包括大气环境及大气环境污染现状、大气颗粒物污染、重金属污染、大气挥发性有机物污染、含硫物质污染等。

第 2 章介绍团队研制的适用于探测大气环境的 LIBS 装置，包括 LIBS 当前国内外研究现状、研制的实验系统、系统测试以及相关参数计算等。

第 3 章介绍大气颗粒物重金属元素及同位素的原位在线探测，包括空气成分在线探测、以蚊香烟雾为例的局域空气污染在线探测、卷烟烟气和烟灰在线探测、庙宇香烟雾在线探测、焊锡作业环境烟雾探测分析、秸秆焚烧烟雾在线探测以及树木焚烧烟尘在线探测。

第 4 章介绍大气环境中的碳及同位素在线探测，具体包括呼吸引起空气碳浓度变化探测、化石燃料燃烧过程碳浓度监测以及基于 CN 自由基光谱的碳同位素在线探测。

第 5 章介绍大气污染的溯源，包括基于 LIBS 和机器学习算法对室内环境中空气、人类呼气和燃烧产生的不同烟进行研究，结合 SPAMS 技术利用主成分分析（principal component analysis, PCA）法对藏香和庙宇香等的烟尘进行探测和溯源，以及在煤烟烟尘污染溯源上的应用。

第 6 章介绍大气环境中的 VOCs 的探测，利用 LIBS、SPAMS 与 Raman 光谱实验探测平台，结合第一性原理密度泛函理论计算，开展对大气环境中较为典型 VOCs 的定性定量探测以及分子结构探测分析等研究。

第 7 章介绍大气环境中硫的探测，以含硫有机物甲硫醚为例进行大气环境中硫的定性和定量分析，甲硫醚的分子结构研究，以及以二硫化碳为例的基于 LIBS 和 SPAMS 光谱和质谱相结合的含硫污染物的原位在线检测。

第 8 章介绍大气湿沉降下的土壤作物与近海藻类研究，以重金属元素铅为例，模拟大气湿沉降对土壤、近海海水的重金属污染。通过探测以藏红花、茶叶为代表的土壤作物以及以海带、紫菜为代表的近海藻类所受铅污染程度，来间接反映大气湿沉降对土壤、近海海水的重金属污染影响。

第 9 章介绍大气水汽探测研究，基于 LIBS 对高湿度和低湿度的空气进行在线检测，并基于 H 原子谱线强度对相对湿度值进行研究，根据日常生活场景中加湿器的用法，以蒸馏水、自来水和食用盐水为例，使用加湿器将水雾均匀分散到空气中，并进行湿空气探测。

本书编写过程中，参与光谱数据分析、材料收集整理和其他工作的还有张启航、陈宇、万恩来、张程元喆、杨明磊、孙仲谋、葛一凡、于玮、张兴龙、周卓彦、陆旭、瞿荧飞、尹文怡、颜逸辉、丁鹏飞。本书的出版得到国家重点研发计划项目"基于同位素技术的大气颗粒物来源解析方法研究与应用"（2017YFC0212700）、国家自然科学基金项目"大气 VOCs 的飞秒量级超快系间窜越动力学研究"（U1932149）的支持。

限于作者水平，书稿疏漏之处在所难免，恳请读者批评指正。

2022 年 5 月 25 日

目　　录

第1章 绪 论

人类生存离不开大气，大气的质量直接影响到人类的生活与生命质量[1]。改革开放以来，我国的社会经济发展迅速，已跃居为世界第二大经济体。但在经济高速增长的背后，我国的环境污染形势日益严峻。如今密集的工业生产和人类活动、大量燃烧的化石燃料、日益发达的交通运输等都对我国部分地区的空气质量以及当地人民群众的身心健康造成了潜在的威胁[2]。

大气颗粒物污染作为城市空气质量达标所面临的最大难题，是环境治理的关键所在，对其进行治理刻不容缓[3]。颗粒物污染既会破坏大气环境，又会对人体健康造成危害。大气中的各种颗粒物因其粒度不同，对光有着不同的效应，如吸收、散射、反射等。气溶胶颗粒对光的吸收或者散射能够改变大气系统的行星反照率，进而影响地气系统的能量平衡。同时，气溶胶颗粒物也能够对气候产生直接或者间接的影响，改变大气环境和气候变化的过程[3]。同时，气溶胶颗粒物具有较小的粒径和较大的比表面积，能够吸附重金属、挥发性有机物（volatile organic compounds，VOCs）等诸多污染物质[4]。

重金属的污染与危害已成为人类所面临的重要环境问题之一，进入土壤植物系统中的重金属会通过食物链传递危害人体健康。影响土壤作物系统重金属累积的外源因子很多，包括化肥和农药的使用，污水灌溉，污泥和城市垃圾，农业、工业与畜禽废弃物排放，大气沉降等[5-7]。特别是大气沉降对土壤系统中重金属累积贡献率在各种外源输入因子中排在首位，因此研究大气沉降对农作物的污染，不仅具有重要的理论价值，而且对防治重金属污染与保障人体健康具有实际指导意义。

如今，VOCs已成为大气环境中最主要的一类污染物，其主要包括非甲烷碳氢化合物、卤代烃、含硫有机化合物、含氮有机化合物等。空气中VOCs的来源十分复杂[8-10]，其中人为来源主要是燃料燃烧的废气排放、交通运输中的尾气排放、工业生产中的制造排放、加工过程的溶剂使用以及污水厂与垃圾填埋场的生物作用等[11-14]。当前我国的VOCs排放总量惊人，2019年全国VOCs总排放量约为2342万t，位居世界前列，同时VOCs排放来源复杂、排放形式多样，大气VOCs污染态势不容乐观[15-17]。大气VOCs是形成二次有机气溶胶和臭氧（O_3）的重要前体物[18-22]，可能会导致雾霾和光化学烟雾等严重的大气环境问题[23-25]。大气层中挥发性的卤代烃分子会在太阳光的辐射下分解产生活性氯原子或溴原子，而

活 性 氯 原 子 或 溴 原 子 能 够 引 发 破 坏 性 的 链 式 催 化 反 应 过 程 （ $Br \cdot +$ $O_3 \longrightarrow BrO \cdot + O_2$, $BrO \cdot + O_3 \longrightarrow Br \cdot + 2O_2$ ； $Cl \cdot + O_3 \longrightarrow ClO \cdot + O_2$ ， $ClO \cdot +$ $O_3 \longrightarrow Cl \cdot + 2O_2$ ），严重地破坏臭氧层，并在大气层中造成臭氧空洞[26-30]。而大气中的含硫化合物则能够被氧化成硫酸雾或硫酸盐气溶胶，从而造成大气酸化，进而形成酸雨[31]。酸雨会影响植物生长，腐蚀设备、建筑物，直接威胁到人和动物的健康和生命安全。同时酸雨还能够伴随大气湿沉降渗透到土壤中造成土壤酸化，易于引起植物的枯萎和死亡,对于一切生物而言,酸雨的危害都不可小觑[32-34]。

　　大气环境污染的危害日益突出，对于大气污染的实时监测和治理也成为各国政府环境保护工作的重要组成部分。近年来，党中央、国务院高度重视大气污染的防治工作并出台了《中华人民共和国环境保护法》《中华人民共和国大气污染防治法》等一系列政策法规。但是，目前我国防治大气污染的基础相对薄弱，相关监测技术较为滞后。对于大气污染物的检测多采用手工采样后在实验室分析的方法，这种方法尽管探测精度较高，但其分析时间漫长、流程烦琐，且容易受到人为因素的影响，不能实时地反映当前时刻的大气环境状况。及时、准确地反映大气的污染情况，开发、建立能够实现对大气污染状况快速检测的技术方法，是控制和治理大气环境污染的重要组成环节。

　　激光诱导击穿光谱术（laser induced breakdown spectroscopy, LIBS）是一项由原子发射光谱发展而来的光谱探测分析技术，可应用于固体、液体、气态和气溶胶状态的物质的元素分析[35-37]，被誉为化学分析技术的"未来之星"。其原理是将高能激光脉冲聚焦到样品产生等离子体，通过光谱来分析自发光等离子体的发射谱线，从而推断出样品元素组成[38]。近些年来，LIBS 开始逐渐应用于大气污染物的快速探测研究。相较于传统检测方法，基于 LIBS 的大气污染物探测方法无须样品预处理，可以直接在大气环境中开展，不会破坏大气污染物的原始成分信息；此外，由于 LIBS 探测对于污染物的成分分析极快，可以同时进行多元素分析，能够实时全面地反映大气环境污染信息。其具有实验操作简便、近似于无损检测，可进行多元素检测、原位实时测量以及非接触式远距离探测，能够应对恶劣环境下的在线分析，激光激发样品无二次污染等优点[39,40]。这些特点都能够体现 LIBS 在大气污染物的快速探测研究中的优越性。然而，作为一种新兴探测手段，LIBS 依然存在着一定的局限性。首先，目前传统 LIBS 探测对于气溶胶物质的探测检测限还较高，为提高检测能力，通常利用载气提高气溶胶样品进样效率[41,42]，这不利于将其应用于真实环境中的大气污染探测研究，或通过滤膜富集大气颗粒物[43]，这导致其丧失了原位探测优势。其次，当前基于 LIBS 的大气污染探测仅仅局限于重金属污染物，对于含有氟、氯、溴、碘、硫等非金属元素的大气 VOCs 污染物的快速探测仍处于空白，这是由于上述元素的激发能量较高且元素特征谱线相对强度低，对于它们的探测极具挑战性，这也使得探测分析缺乏完整性，阻碍 LIBS 在大气污染探测领域中的推广应用。

针对当前 LIBS 在大气环境探测中面临的困难，南京信息工程大学激光光谱课题组专门设计搭建了一套适用于大气环境下污染物探测分析的 LIBS 装置，并开展对于主要大气污染物的在线探测研究工作，根据 LIBS 完成大气污染的元素定性分析，并针对铅、锰、硫等元素建立相关的定量化分析模型；并基于 CN 自由基分子同位素光谱，实现对于大气碳同位素的直接原位探测；再结合机器学习智能算法，利用特征光谱的谱线数据训练并建立大气污染溯源的自动分类模型；同时将 LIBS 与单颗粒气溶胶质谱（single particle aerosol mass spectrometry, SPAMS）、拉曼（Raman）光谱两项实验探测技术结合，用于实现大气 VOCs 污染物的分子结构探测与分析。

第 2 章　LIBS 和实验系统

近十年来，全球环境形势日益严峻，可持续的环境监测对于了解环境质量现状和预测环境质量发展趋势至关重要。人类生存离不开大气，大气的质量直接影响到人类的生产、生活与身体健康。而如今密集的工业生产和人类活动、肆虐的沙尘、日益发达的交通运输等都导致了大气环境正遭受严重污染，治理已刻不容缓[44-52]，因此防治前的监测则显得尤为重要。目前，许多不同的分析技术已经在环境监测中得到了广泛的应用，其中检测手段主要有原子吸收光谱法（atomic absorption spectrometry, AAS）、原子荧光光谱法（atomic fluorescence spectrometry, AFS）、气相色谱分析法（gas chromatography, GC）以及电子探针分析法（electron microprobe analysis, EMPA）等方法[53,54]。但是，这些检测手段都存在着诸多弊端，比如检测周期长、收集取样困难、耗时长、效率低、操作流程复杂、成本高或者检测元素单一等。因此，能够实现大气污染物的快速原位在线检测的 LIBS 越来越受到重视，成为各国科学家共同关注的热门话题。

2.1　LIBS 的原理介绍

LIBS 起源于 20 世纪 60 年代，1962 年自美国 Los Alamos 国家实验室 David Cremers 研究小组提出红宝石微波激射器开始，人类便进入激光时代。作为激光的重要应用之一，同年，Brech 和 Lee Cross 在第十届国际光谱学论文集中首次提出了用激光作为原子发射光谱的激发源，将元素的原子发射光谱应用于测定固体、气体和液体中元素成分，这一发现预示着新型光谱技术的诞生[55]。LIBS 可应用于固体、液体、气态和气溶胶状态的物质的元素分析[35,36,56,57]，是一种常用的物质元素检测手段。如图 2-1 所示，激光器发射出一束高功率的脉冲激光经平面镜反射和平凸透镜聚焦，在待测样品表面产生局部高温，导致样品内的原子和分子激发或离子化形成等离子体，激发态原子和离子再向下跃迁，部分能量以不同的光的形式辐射出来，等离子体能量在衰退过程中产生轫致辐射，这些发射线再由光纤进行信号收集并耦合至光谱仪，分析其元素成分和含量。

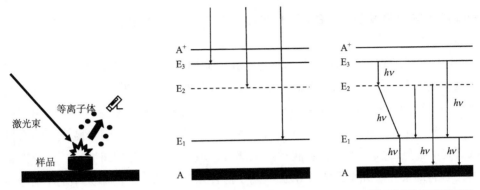

(a) 多光子电离形成等离子体　(b) 轫致辐射及电子自由跃迁形成的宽带发射　(c) 能级跃迁形成的谱线发射

图 2-1　LIBS 原理图

v 为光的频率；h 为普朗克常量；A 为基态；A^+ 为离子态；E_1、E_2 和 E_3 为激发态能级

与其他检测手段相比，LIBS 具有检测时间短、运行成本低、样品无须预处理、操作简便、近似于无损检测，可进行多元素检测、原位实时测量，适用于各种不同形态物质成分分析（固体、液体、气体）且分析速度快，可实现非接触式远距离探测，能够应对恶劣环境下的在线分析，激光激发样品无二次污染等优点。利用 LIBS 完全可以实现快速对大气颗粒物中重金属污染物的在线检测。

2.2　LIBS 的国内外研究现状

1964 年，Maker 等首次研究了气体的发射光谱[58]。1966 年，Ford Motor 公司的 Runge 和 Michigam 所在的研究小组通过脉冲调制红宝石激光器 LIBS 分析了熔融的不锈钢样品，得到了镍和铬的定标曲线，首次证明了该技术可实现定量分析的可能性[59]。1969 年，Buzukov 等首次研究了水体中产生的等离子体[60]。1983 年，美国 Los Alamos 国家实验室率先利用该技术实现对物质元素成分的测定，Radziemski 等发表的一篇论文中首次提出激光诱导击穿光谱的英文缩写为 LIBS，至此 LIBS 成为一项独立的光谱分析技术[61]。1991 年，澳大利亚的 Grant 等得到了铁矿石中微量元素的检测限[62]。1995 年，意大利的 Palleschi 研究小组利用 LIBS 在空气中检测到了汞元素[63]。之后的几十年中，随着技术的进一步发展，关于 LIBS 的基础理论逐步得到印证，其应用范围也日益广泛[64,65]。近年来，LIBS 在环境监测，特别是矿物、土壤等原位检测方面的应用也逐渐增多，例如 Gibeak 等开发了一种新型便携式 LIBS 系统，旨在实时监测半导体制造过程中产生的气溶胶颗粒[66]。

Schroder 等研究发现，LIBS 在行星勘探的矿物原位分析方面具有很大的应用潜力[67]。

　　LIBS 的研究在国内起步得比较晚，其中最早的是 1996 年安徽师范大学的崔执凤教授等发表的关于激光等离子谱线展宽测量的相关研究[68]，之后的发展也相对缓慢，直到 2004 年，LIBS 的研究逐渐得到了国内学者的关注，开始快速发展起来，相关论文开始增多，应用领域也随之扩大[69]。中国科学院安徽光学精密机械研究所在气溶胶和土壤重金属污染检测等领域做了一些基础研究[70,71]。中国海洋大学的郑荣儿研究小组将 LIBS 应用于海洋水质检测[72]。清华大学的王哲教授的课题组提出了一系列的数据处理方法用以提高 LIBS 信号的稳定性[73]。上海交通大学俞进教授团队将人工智能信息处理手段引入 LIBS 研究中[74]。大连理工大学丁洪斌教授课题组从激光烧蚀等离子体特性角度出发，优化提高了 LIBS 定量分析的精度、稳定性和检出限[75]。中国科学院沈阳自动化研究所孙兰香研究员团队将 LIBS 成功应用于矿产资源的开发和利用等方面[76]。山西大学尹王保教授团队归纳形成了自吸收免疫激光诱导击穿光谱理论体系和分析技术，为解决目前 LIBS 应用瓶颈进行了有益探索和实践[77]。四川大学段忆翔教授的课题组以 LIBS 为核心研发了多款仪器并成功应用于油气开采和矿石分析等领域[78]。华中科技大学武汉光电国家研究中心李祥友研究员团队对便携式激光诱导击穿光谱仪的开发和应用开展了深入研究[79]。北京理工大学王茜蒨教授团队致力于 LIBS 在临床医工融合领域的应用，在术中组织识别和药物鉴定方面取得显著成果[80]。华中科技大学郭连波教授课题组则在组织样本识别、肿瘤血清检测和药代动力学等方面开展了大量工作[81]。浙江师范大学周卫东研究员团队研究了共线双脉冲 LIBS 中激光加热对光谱强度的影响[82]。中国科学院上海硅酸盐研究所无机材料分析测试中心汪正研究员团队则将 LIBS 应用于土壤污染检测等方面[83]。华南理工大学李润华教授课题组搭建了一套小型化高重频激光剥离-火花诱导击穿光谱系统并将其应用于合金元素的快速和高灵敏分析[84]。江西农业大学姚明印教授团队将 LIBS 与人工神经网络等算法结合起来，实现了对赣南脐橙叶片典型病害的快速无损诊断[85]。除此之外，国内还有很多研究小组同样在从事 LIBS 的相关研究工作并取得重要进展。

　　然而目前来说，基于 LIBS 的大气环境在线探测方面的报道并不多，本书基于课题组最新研究进展[86-94]，介绍了基于 LIBS 的大气环境探测系统，阐述了 LIBS 的大气环境在线探测最新研究进展，包括大气颗粒物重金属元素及碳同位素探测、大气污染溯源、大气环境中的 VOCs 和硫的探测、大气湿沉降的农作物污染和水汽探测等，展示了光谱技术在大气科学交叉研究领域的学科内涵和重要应用。

　　与传统的元素分析技术相比，LIBS 具备许多独特的优点，目前 LIBS 在生物医学、农产品等食品安全检测、工业控制、土壤重金属污染、冶金分析、环境监测、文物鉴定、空间探测和军事爆炸物探测等许多领域都得到了应用。然而，LIBS 仍然存在一些技术缺点，如光谱检测灵敏度欠佳，元素分析的检出限有待改善，同时由于受等离子体基体效应、自吸收效应、共存元素效应以及样品成分本身的不均匀性、等离子电子密度和温度的起伏变化、光谱收集方式等因素的影响，光谱定量分析的准确度和精密度较低，重复性不佳，仍然需要不断完善和改进。

2.3　基于 LIBS 的大气环境探测系统

　　LIBS 实验系统示意图如图 2-2 所示，具体包括光源的产生系统（Nd:YAG 激光器及一系列透镜），信号采集和探测系统（四通道光谱仪、多通道信号时序控制器、三维可移动载物平台），光谱分析系统等。

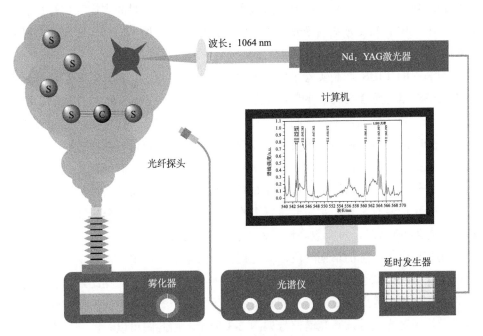

图 2-2　LIBS 检测系统示意图

　　该实验装置使用的激光器是 Nd:YAG 激光器，它的型号为 Continuum Surelite II-10。该激光器的工作波长为 1064 nm，通过倍频也可输出 532 nm、355 nm、266 nm。输出能量可调，最大输出能量约为 1000 mJ。其内部结构具体包括后视镜、普克尔盒、λ/4 波片、介电偏光器、振荡棒、高斯光束输出耦合器、光学谐波发生器、石墨谐振器、二向色镜片、反射镜与挡板。

　　该实验装置使用的光谱仪是爱万提斯四通道光谱仪（AvaSpec-2048-4），其检测范围为 200～900 nm，分辨率可达 0.15 nm。为获得更高信噪比的光谱信号，需要设置并调试光谱仪的积分延迟及积分时间，在该实验装置中使用的光谱分析软件为 AvaSoft 8.10。

2.4　系统数据校准及参数优化

　　该实验装置利用光谱仪对纯铅块进行 LIBS 测试，采集纯铅的等离子体辐射谱，用纯铅在 363.956 nm 处的特征谱线进行数据校准，调整光谱偏移[57]。

　　同时，由于在采集等离子光谱的过程中，背景光的辐射强度衰减速度快，而被采样品的原子谱线强度的衰减速度较慢且维持时间长，为了提高光谱采集的准确性和时效性，在本实验中需要通过设置时间延迟和积分时间来提高信噪比。在本实验中采用的触发方式为激光器外触发光谱仪，并增加了一个多通道信号同步控制器即延时器来控制光谱仪的延迟时间。

　　本书中的 LIBS 探测实验采用光谱仪记录光谱信号，其积分时间和积分延迟对于 LIBS 测量而言至关重要[90]。实验中的积分时间由 AvaSoft 软件控制，积分时间延迟由数字延迟发生器控制。通过光谱仪对光谱信号进行采集，需要设置恰当的积分时间，以确保信号采集时，能够将全部元素的辐射光都覆盖到。本书中将光谱仪的积分时间都设置为 2 ms，这样可有足够长的积分时间覆盖到所有谱线信号。此外，由于仪器测量本身存在系统误差，为了减小误差对分析的影响，在光谱仪采集信号时，需要对信号进行多次平均，通过多次实验分析发现，将平均次数设置为 50 次时，可有效降低误差，提高信噪比。

　　在等离子体产生的早期阶段，会有连续背景辐射光产生，但背景辐射光强度会很快衰减，而原子谱线可维持较长时间。为了获得较高的信噪比，需要设置恰当的时间延迟。为此，我们在不同时间序列下，对空气进行空气击穿实验，采集等离子体辐射光信号，其光谱信号如图 2-3 所示。由此图可以看出，当积分延迟时间设置为 0 μs 时，光谱仪进行信号采集时会采集到大量的连续背景辐射光，在光谱中产生连续强度较高的底噪，将会影响其谱线的标定及分析。而随着积分延迟时间的增加，光谱信号中的底噪逐渐降低。当延迟时间约为 2.5 μs 时，可看到，底噪几乎已经全部消失，剩下的全为原子谱线与离子谱线，可用于重金属元素成分的分析。但是，若积分延迟时间继续增加，原子谱线信号将逐渐变弱，当延迟时间增加到约 7 μs 时，谱线信号已经全部消失，此时，原子谱线辐射过程完全结束。为了消除背景噪声且不影响原子和分子发射谱线的捕获，最佳积分延迟时间设置为 2.5 μs。

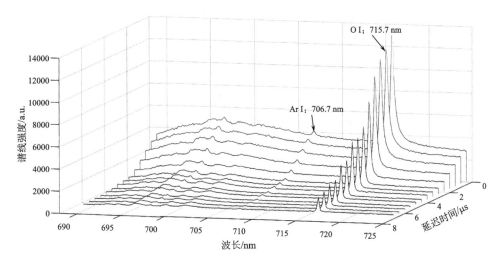

图 2-3　不同时间延迟下的空气 LIBS 光谱

2.5　纯金属样品的系统测试

在进行数据校准和参数优化之后，为了进一步测试实验装置的准确性，这里选取了纯铅作为测试样品，通过 LIBS 实验进行测试，得到了纯铅的光谱图，如图 2-4～图 2-6 所示。通过与美国国家标准与技术研究院（NIST）数据库对比[95]，得到了 Pb 元素的特征峰分别为 239.4 nm、261.4 nm、266.3 nm、282.3 nm、283.3 nm、285.2 nm、287.3 nm、357.3 nm、363.9 nm、367.1 nm、368.3 nm、373.9 nm、401.9 nm、405.7 nm、406.2 nm、416.8 nm、424.5 nm、438.6 nm、500.5 nm、504.3 nm、520.1 nm、537.2 nm、554.4 nm、560.9 nm、600.2 nm、660.0 nm。

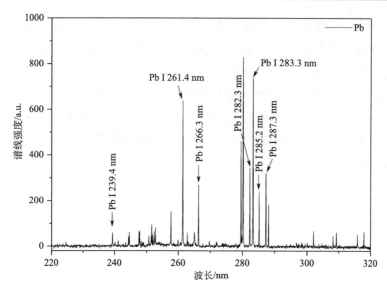

图 2-4　220～320 nm 纯铅的 LIBS 光谱图

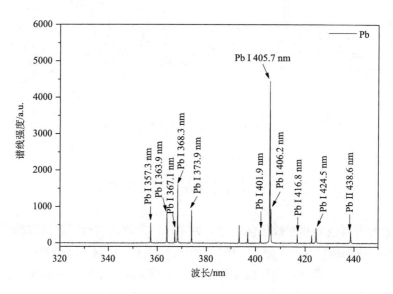

图 2-5　320～450 nm 纯铅的 LIBS 光谱图

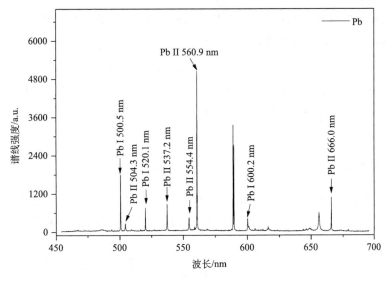

图 2-6　450~700 nm 纯铅的 LIBS 光谱图

2.6　LIBS 相关参数计算

2.6.1　检出限

LIBS 中的背景光会干扰特征谱线的识别和元素含量的标定,如果元素含量过低,特征谱线和背景光混淆,将无法标定特征谱线。因此,需要计算出目标元素定标曲线的检出限(limit of detection, LOD),从而得出相关元素定量分析的有效范围。LIBS 的检出限可通过下式进行计算:

$$\text{LOD} = \frac{3\sigma}{k} \tag{2-1}$$

式中,σ 是背景光强度的标准差;k 是定标曲线的斜率。

2.6.2　等离子体温度

等离子体满足局域热平衡(local thermodynamic equilibrium,LTE)时,等离子体的温度可以通过 Boltzmann 直线法计算。

Saha-Boltzmann 方程:

$$\ln\left(\frac{I_{ij}\lambda}{A_{ij}g_k}\right) = -\frac{1}{K_B T}E + \ln\left[\frac{hcN^S}{U^S(T)}\right] \tag{2-2}$$

式中,λ 和 I_{ij} 分别表示特征谱线波长和强度;A_{ij} 是原子或者是离子的跃迁概率;g_k

是跃迁上能级的统计权重；K_B 是 Boltzmann 常数（本书取 1.38×10^{-23} J/K）；T 是等离子温度；E 是电子或者离子跃迁上能级的激发能；h、c 分别是 Planck 常数（本书取 6.63×10^{-34} J·s）和真空中的光速（本书取 3×10^8 m/s）；$U^s(T)$ 是电子或者离子的配分函数。在 NIST 原子标准数据库中可查到各元素的跃迁概率 A_{ij}、跃迁上能级的统计权重 g_k 和跃迁上能级的激发能 E，通过线性回归的方法就可以得到等离子温度 T。

2.6.3 电子数密度

LIBS 检测结果中，谱线展宽包括自然展宽、多普勒展宽、Stark 展宽等，其中 Stark 展宽占主导地位[96]。电子数密度与 Stark 展宽半高宽之间的关系[97]为

$$\Delta\lambda_{\frac{1}{2}} \approx 2\omega\left(\frac{N_e}{10^{16}}\right) + 3.5A\left(\frac{N_e}{10^{16}}\right)^{\frac{1}{4}}(1 - 0.75N_D^{-\frac{1}{3}})\omega\left(\frac{N_e}{10^{16}}\right) \tag{2-3}$$

式中，N_e 是电子数密度；$\Delta\lambda_{\frac{1}{2}}$ 是谱线的半峰全宽；N_D 是在德拜球中的粒子数；ω 是电子碰撞参数；A 是离子展宽参数。实际离子对线宽的贡献远小于电子，式（2-3）简化为

$$\Delta\lambda_{\frac{1}{2}} \approx 2\omega\left(\frac{N_e}{10^{16}}\right) \tag{2-4}$$

选择目标原子发射谱线的相关数据，通过洛伦兹拟合后得到其特征谱线以及半峰全宽，根据式（2-4）计算得到实验中的电子数密度。

2.6.4 局域热平衡状态验证

实验中激光等离子体处于 LTE 状态是定量分析的前提[97]，根据 McWhirter 准则：

$$N_e \geqslant 1.6 \times 10^{12} \times T^{\frac{1}{2}} \times (\Delta E)^3 \tag{2-5}$$

式中，N_e 是电子数密度；T 是等离子体温度；ΔE 是相关元素跃迁上下能级之间的最大能量差。满足该阈值条件的光谱为有效光谱。

2.6.5 内标法对目标元素进行定量分析

定量分析根据的是 Lomakin-Scheibe 方程：

$$I = aC^b \tag{2-6}$$

式中，I 为实验所得的谱线强度；a 为实验常数；C 为目标元素的浓度；b 为自吸收系数。如果忽略自吸收，可认为 $b=1$[98]，式（2-6）可改写为

$$I = aC \qquad (2\text{-}7)$$

选择某确定元素 q 为定量分析目标元素 p 的内标元素，因此得出以下等式

$$\frac{I_p}{I_q} = \frac{a_p C_p}{a_q C_q} \qquad (2\text{-}8)$$

可化简为

$$I_p^* = A C_p \qquad (2\text{-}9)$$

式中，I_p^* 为目标元素特征谱线的相对强度；$A = a_p / (a_q \times C_q)$；$C_p$ 为实验样品中的浓度。将目标元素 p 特征线的强度求和与内标元素 q 的特征线强度之比 $\sum I_p / I_q$ 作为目标元素的相对强度，相对强度随溶液浓度减少而减小。以目标元素浓度为横坐标，相对强度为纵坐标，拟合即可得到定标曲线。

第3章 大气颗粒物重金属元素及同位素原位在线探测

大气颗粒物重金属元素污染是我国大气污染的重中之重。大气颗粒物污染的危害是非常广泛的，主要体现在对人体健康和空气环境的影响两个方面[99]。大气颗粒物进入人体，能引起人体多种疾病。大气颗粒物携带有毒重金属、硫酸盐、有机物和包括病毒、细菌在内的其他污染物，有的能直接进入人的呼吸道和肺部，影响肺部及其他器官健康。大量科学研究也表明，大气颗粒物浓度在短期内小幅增加会提高呼吸系统疾病的死亡率，特别是一些细小的颗粒物可通过呼吸道进入肺泡，经过血液循环到达其他器官，从而造成对人体呼吸系统和其他功能系统的损害[100-102]。虽然大气颗粒物在大气成分中只占很小的一部分，但是它对环境的危害却是非常大的。颗粒物的性质与能见度的高低有密切的联系。光的散射是使能见度减低的最主要因素，而颗粒物的散射能够造成 60%~95%的能见度减弱。颗粒物的存在还会直接阻挡太阳光抵达地球表面，从而引起一系列的生态环境问题。此外，大气颗粒物对降水也有不可忽视的影响，颗粒物的酸碱性质将会直接影响降水的化学性质。一旦部分颗粒物具有较强的酸性，极有可能导致降水的酸化[103-105]。

本章介绍应用 LIBS 实现对大气颗粒物重金属元素及同位素的原位在线探测。共分为六个小节，3.1 节主要是探测空气成分，并以蚊香烟雾为例对局域空气污染进行了研究[86]；3.2 节对常见的卷烟烟气和烟灰进行原位在线探测[87]；3.3 节对庙宇香烟雾进行原位在线探测[94]；3.4 节原位在线探测焊锡作业环境烟雾[106]；3.5 节原位在线探测秸秆焚烧烟雾[107]；3.6 节对树木焚烧烟尘进行原位在线探测[108]。

3.1 空气成分和局域空气污染在线探测

空气污染越来越受到重视，尤其是其中的颗粒物重金属污染。根据污染的范围来看，空气污染有广域和局域之分，广域上的大气颗粒物污染主要是由工业的生产和汽车尾气的排放引起的[49,109]，而局域空气污染主要来自人们的日常生活，如蚊香、农药这类杀虫剂的使用，秸秆的燃烧及烟花爆竹的燃放等[110-112]。本节主要对空气成分进行探测，并以蚊香的燃烧为例来对局域空气污染进行研究。

3.1.1　实验参数及样品制备

为了增加信号的稳定性并改善图像质量，实验中使用的激光束持续时间为 8 ns，频率为 10 Hz。蚊香烟雾的探测具有挑战性，需要对激光束进行光学优化，此外，实验中脉冲能量的设定也很重要，本实验所采用的脉冲能量约为 290 mJ/脉冲，以获得最理想的实验结果。同时，光谱仪的延迟时间选择为 6 μs，以获得最佳时序，从而可以同时探测 CN 分子光谱（蚊香烟雾中的 CO_2 气体）以及原子光谱（蚊香烟雾中的颗粒物质）。实验中每测量 50 个光谱进行平均，以获得更好的信噪比。

为了研究空气中的重金属污染，在实验中选择了两种最具代表性的元素锰和铅。制备了两种类型的溶液，它们分别是不同浓度的硝酸锰 $[Mn(NO_3)_2]$ 和乙酸铅 $[(CH_3COO)_2Pb \cdot 3H_2O]$ 溶液。高浓度和低浓度的 $Mn(NO_3)_2$ 溶液浓度分别为 50.0% 和 12.5%，而高浓度和低浓度的 $(CH_3COO)_2Pb \cdot 3H_2O$ 溶液浓度分别为 1.78% 和 0.46%。先将等量的蚊香分别浸入这些溶液中 15 min，然后将蚊香放入干燥箱中干燥。蚊香中的水分蒸发后，元素 Mn 和 Pb 便被保留下来了，变成了具有不同锰含量和铅含量的蚊香。

3.1.2　空气和人类呼吸的实时监测

为了对局域空气污染进行更深入的分析，使结果更加直观清晰，首先对未经污染的空气进行光谱击穿实验，所得的光谱图如图 3-1 所示，空气的特征谱线多集中在 600～750 nm 这个区间内。众所周知，空气的主要成分是氮气和氧气，这与我们所测到的谱线的特征峰完全吻合。由于在环境空气中存在一些水蒸气，因此在 656 nm 左右也观察到氢的特征谱线。

接着，又模拟了人类呼吸并对其光谱进行了记录，将其与空气光谱进行比较，如图 3-2 所示。可以发现，谱线多出了一些特征峰，参考 NIST 数据库和一些其他研究[113,114]，可以确定它们分别是 C I 的特征峰、H_β 谱线和 CN 分子带，在图 3-3 中可以更清楚地看到这些特征谱线。这是由于人类呼吸含有二氧化碳和水蒸气的缘故。然而，氢（H_β）的强度非常弱，可能是因为其中水蒸气的含量太少。

CN 的分子谱线主要分布在 355～360 nm、384～389 nm 和 413～422 nm 的范围内，分别对应于 $\Delta v = +1$、$\Delta v = 0$ 和 $\Delta v = -1$ 的序列。这与已有的数据有很高的吻合度[115]。但是，该实验中不能清楚地观察到 $\Delta v = -1$ 的序列。由于人类呼吸和空气中没有 CN，因此可以推断在这个过程中产生 CN 的反应可能有如下两种[116]：

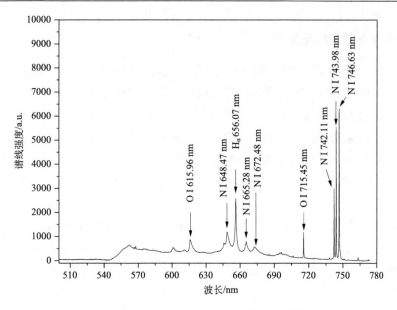

图 3-1　空气在 500~780 nm 波段的光谱图

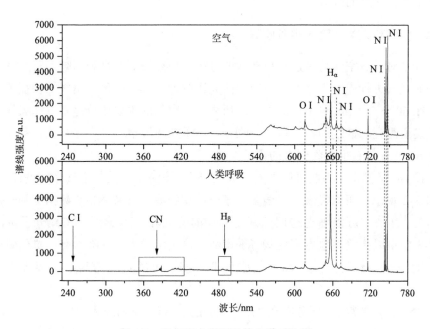

图 3-2　空气和人类呼吸的光谱对比图

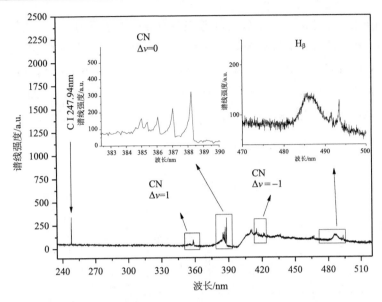

图 3-3　人类呼吸在 235～520 nm 波段的光谱图

$$C+N \longrightarrow CN \tag{3-1}$$

$$C+N_2 \longrightarrow CN+N \tag{3-2}$$

二氧化碳和氮气被强激光烧蚀形成 C 和 N 自由基,然后两者再结合形成 CN。也有可能是 C 原子直接与氮气反应,生成 CN。同时,从图 3-2 中也可以发现,在人类呼吸的谱线图中,氮元素的相对强度有所降低,这也可以认为是氮气参与反应生成 CN 的一个佐证。

3.1.3　蚊香烟雾的实时监测

以蚊香燃烧为例,分析局域大气污染情况,对蚊香烟雾进行原位探测。实验中,我们控制周围的环境,使其不受不稳定气流的干扰,这样点燃蚊香时产生的热空气可以一直上升,形成一个稳定的上升通道,烟就可以从这个通道中不断上升。通过点燃蚊香捕获烟雾,并将燃烧的蚊香浸入水中以熄灭蚊香。如图 3-4 所示,蚊香烟雾中的确存在一些金属元素,如 Mg、Fe、Ca、Ti 等。我们还可以发现,蚊香烟雾中也存在一些有毒元素,如 Sr、Cr 和 Cd[117-119],所以使用蚊香或多或少也会对局域大气造成污染。由于光谱是在空气环境中获得的,因此观察到氮、氧和氢的谱线($H_α$)是合理的。此外,我们还检测到 $H_β$ 和 CN 分子带的谱线,而它们并没有出现在空气光谱中。因此,我们可以推测,在蚊香中应该存在碳和氢等元素。我们从使用的蚊香样品成分列表中发现了一种名为氯氟醚菊酯

（$C_{17}H_{16}Cl_2F_4O_3$）的物质。它对蚊子和苍蝇具有很强的杀伤力，并广泛存在于蚊香或杀虫剂中作为添加剂。我们推断，氯氟醚菊酯中的碳和氢与空气中的氮或氧反应形成 CN 和 H_2O。其中，元素氟[120]的特征谱线约为 685.6 nm，这也可在实验中观察到，如图 3-4（c）所示。然而，查阅资料可知，元素氯的特征线在 837.6 nm 处[121]，这超出了我们实验的探测范围，所以在图中没有被观察到。

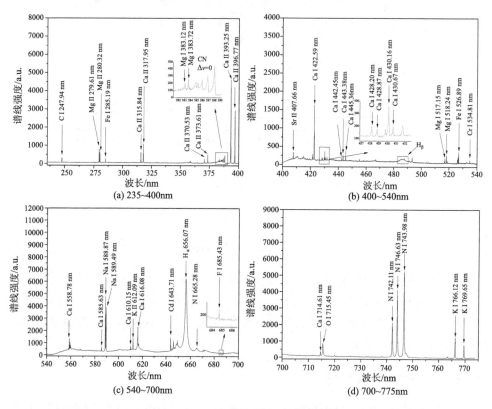

图 3-4　蚊香烟雾不同波段光谱图

值得注意的是，CN 分子中的碳可能来自人体呼吸、空气或蚊香烟雾。然而，在空气的光谱中，没有清楚地观察到 CN 分子带（图 3-2）。这可以通过以下因素来合理解释：普通空气中的 CO_2 由于含量太少而无法检测到，当人类呼吸（图 3-3）和蚊香烟雾[图 3-4（a）]出现时，可以清楚地观察到 CN 分子光谱以及碳原子谱线（247.94 nm），由此推断 CN 的碳可能来自人类呼吸中的 CO_2 和 CO_2 含量较高的蚊香烟雾。

温度是有关气体分子辐射研究的非常重要的热力学参数之一。温度的测量对于研究气体辐射和相应的化学反应具有十分重要的意义。我们发现，在人类呼吸和蚊香烟雾中都生成了 CN，而利用 LIBS 能够较为清晰地测得 CN 分子的 $B^2\Sigma^+ \rightarrow X^2\Sigma^+$ 电子带系中上下态振动能级之差为 $\Delta v=+1$ 和 $\Delta v=0$ 这两个振动带系的发射光谱。利用 LIFBASE 软件[122]（一种针对双原子分子和离子开发的光谱模拟软件）对这两个振动带系的光谱数据进行拟合。首先对实验所得的数据进行了基线和波长漂移的矫正，然后在 LIFBASE 软件中，不断调整振动温度和转动温度，使模拟计算得到的光谱与实验测到的光谱均方差达到最小值，实验结果和模拟结果的对比图如图 3-5 所示，可以发现两者吻合度很高。由此可以得出，人类呼吸和蚊香烟雾中 CN 分子的振动温度分别为 8200 K 和 7900 K，旋转温度分别为 7600 K 和 7000 K。除此以外，我们还得出了在转动温度为 7000 K 和 7600 K 时，CN 分子在 $X^2\Sigma^+$ 态的各振动能级的粒子布居数，如表 3-1 所示。

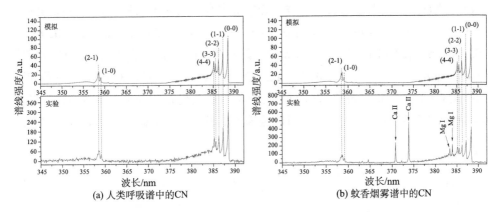

图 3-5　CN 分子的模拟和实验光谱对比图

表 3-1　CN 分子在 $X^2\Sigma^+$ 态的各振动能级粒子布居数

T_r=7000 K		T_r=7600 K	
$X^2\Sigma^+$（v''）	振动种群	$X^2\Sigma^+$（v''）	振动种群
v''=0	0.323573	v''=0	0.315075
v''=1	0.219789	v''=1	0.217066
v''=2	0.150388	v''=2	0.150601
v''=3	0.103699	v''=3	0.105268
v''=4	0.072094	v''=4	0.074164
v''=5	0.050560	v''=5	0.052691
v''=6	0.035788	v''=6	0.037772
v''=7	0.025630	v''=7	0.027383
v''=8	0.018479	v''=8	0.019980

3.1.4　含重金属蚊香烟雾的半定量分析

通过探测蚊香烟雾发现，直接利用 LIBS 进行大气颗粒物的原位探测是可行的。随着工业的发展，当今大气中的重金属污染越来越严重，为了对此进行模拟，选择了 Mn 和 Pb 这两种元素，分批次加入到蚊香中。因为过量的锰会导致大脑神经系统紊乱，并对中枢神经系统造成不可逆转的损害；而铅的潜在性毒性较强，还会致癌，一度被列入强污染物的行列，所以，选择这两种典型元素来分析重金属污染。

干燥后点燃蚊香，记录其燃烧时烟雾的光谱。图 3-6 是来自普通蚊香和浸入含锰（或铅）溶液后的烟雾以及高纯度锰（或铅）块样品的光谱。从比较图中可以清楚地看到，浸入溶液后的蚊香燃烧烟雾中存在的 Mn（或 Pb）的特征谱线。图 3-6（a）显示了 Mn 的六条特征谱线（257.65 nm、259.38 nm、260.65 nm、403.01 nm、403.24 nm 和 403.35 nm），而图 3-6（b）显示了 Pb 的三条特征谱线（363.91 nm、368.28 nm 和 405.73 nm）。如图 3-6（a）所示，397 nm 附近的较强的峰是 Ca II（396.77 nm）的谱线，它来自蚊香。但是它的强度从普通蚊香烟雾到含锰蚊香烟雾发生了改变，这可能是因为蚊香中添加了新物质而导致了自吸现象的产生。

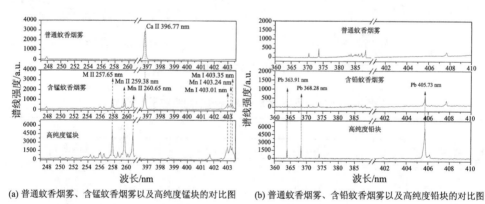

(a) 普通蚊香烟雾、含锰蚊香烟雾以及高纯度锰块的对比图　　(b) 普通蚊香烟雾、含铅蚊香烟雾以及高纯度铅块的对比图

图 3-6　普通蚊香烟雾、含锰蚊香烟雾、含铅蚊香烟雾、高纯度锰块、高纯度铅块光谱图

制备两种具有不同浓度的含锰溶液以及含铅溶液。选择分布在 403 nm 附近的 Mn 的三条特征谱线以及在 363.91 nm、368.28 nm 和 405.73 nm 处的三条 Pb 的特征谱线进行进一步分析，因为它们具有更强的强度并且受到其他元素的干扰较少。如图 3-7 所示，经过归一化处理后，可以发现谱线的相对强度与添加的锰和铅的含量成正比，这表明我们有望基于 LIBS 实现大气中的重金属的定量分析。

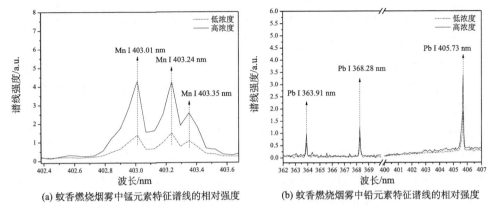

(a) 蚊香燃烧烟雾中锰元素特征谱线的相对强度　　　　(b) 蚊香燃烧烟雾中铅元素特征谱线的相对强度

图 3-7　蚊香燃烧烟雾中锰、铅元素特征谱线的相对强度

3.2　卷烟烟气和烟灰在线探测

人与人之间的交流是人们日常生活中不可或缺的生理需要,而公共空间正是人们这种生理需求得以实现的物质依托。在我国许多城市中,城市公共空间的建设和发展作为衡量城市整体建设水平的重要标志,可见公共空间环境的重要性。尽管到处可见"公共场所禁止吸烟"的标志,但是公共场所吸烟的现象仍然屡禁不止。公共场所吸烟极易污染空气,随意丢弃的烟头如果靠近易燃易爆物品,也会引起火灾;烟草燃烧的烟雾中绝大部分物质对人体有害,被动吸烟者吸入的烟雾中也含有多种有毒物质和致癌物。因此,对公共场所吸烟的在线探测极为重要。

3.2.1　实验参数介绍

为了实现原位探测,激光脉冲直接聚焦在烟雾上,由监测器(光谱仪)获得发射光谱。我们工作中使用的激发激光器是调 Q 钕钇铝石榴子石激光器,工作的基本波长为 1064 nm;在频率为 10 Hz、持续时间为 6 ns 的单个激光脉冲中,能量为 260 mJ。等离子体辐射发射由耦合到光谱仪的光纤直接收集,光谱仪的光谱窗口为 220~770 nm。光谱仪的光谱分辨率约为 0.1 nm。

3.2.2　烟气的 LIBS 元素探测分析

为了模拟现实环境条件下香烟烟尘的原位探测过程,本节将分别以空气、卷烟烟气气溶胶和卷烟燃烧灰烬作为研究对象,在大气环境中对香烟烟雾和灰尘等样品直接进行原位在线探测,最后采集得到等离子体发射光谱并多次平均以减小仪器误差。

对空气和香烟烟尘的 LIBS 光谱进行对比分析，如图 3-8 所示。通过对比图可以明显看出，香烟烟尘光谱中的谱线数量与种类远远大于空气的 LIBS 光谱。之后，再通过将各条谱线与 NIST 原子光谱数据库进行比较，确定光谱中主要特征谱线的元素种类与跃迁上下能级等特征信息，将各条谱线的标定结果分别标记在图中。从图中可以看出，在香烟烟尘的光谱中可明显观察到 C、Mg、Ca、Sr、Na、H、O、N、K 等元素特征谱线，而在空气谱中却只能观察到 H、O、N 元素的特征谱线。值得一提的是，空气的光谱中 H_α（656.28 nm）谱线的强度远低于烟尘光谱中该条谱线的强度，这可能是因为空气中 H_2O 浓度低于因燃烧产生 H_2O 的烟尘。同样地，烟尘光谱中的 C I（247.86 nm）谱线较明显，而空气光谱中的 C I（247.86 nm）谱线因太弱而无法观察到，这是由于燃烧产生了大量的 CO_2，导致烟尘中的 CO_2 含量远高于原本空气中的 CO_2 含量。

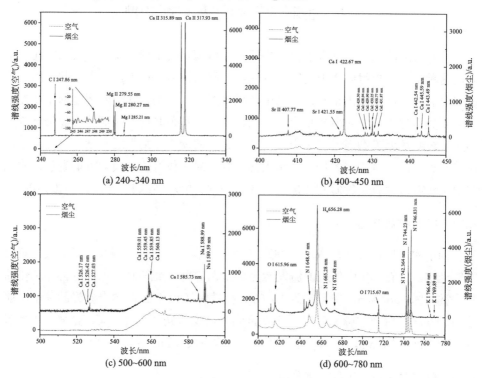

图 3-8　空气与香烟烟尘的 LIBS 实验光谱

左 Y 轴为空气谱线强度，右 Y 轴为烟尘谱线强度

3.2.3　卷烟烟尘与烟灰的光谱探测

在本探测系统上对燃烧时产生的烟灰进行离线探测，并将其与香烟烟尘进行

对比分析，如图 3-9 所示。同之前的烟尘光谱分析一样，根据 NIST 原子谱线数据库对光谱中出现的特征谱线进行标定，并将各条谱线对应的信息标注在谱线旁。

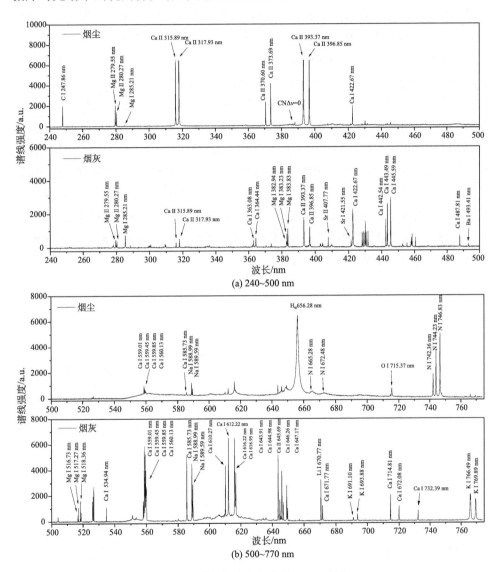

图 3-9　卷烟烟尘与烟灰的 LIBS 光谱

通过比较这两个光谱可以发现，在烟尘和烟灰的光谱中都观察到 Ca、Na、K 和 Mg 元素的特征谱线，这说明这些金属元素都存在于烟尘和烟灰当中。而这两种样品的光谱之间的差别也很明显。例如，C I（247.86 nm）、O I（715.37 nm）和 H_α（656.28 nm）特征谱线在烟灰的 LIBS 光谱中几乎完全不可见，而这些特征谱线在烟尘光谱中却十分明显，而且谱线强度较高。这可能是因为香烟在燃烧过程中，其包含的有机物中的 C 和 H 元素转成 CO_2 和 H_2O，随后便伴随着烟尘一起散到空气中；而在烟灰中不存在 C 和 H 元素，所以它们的特征谱线也自然是观测不到的。相反的是，Ba（493.41 nm）和 Li（670.77 nm）的光谱线只能在烟灰的 LIBS 光谱中观察到。同理可以推断，香烟中的 Sr、Ba 和 Li 元素在燃烧时不会与烟尘一起散到空气中，而是留在燃烧所剩的烟灰中。

此外，在上述烟尘与烟灰的 LIBS 光谱的对比分析中，除了元素种类之间的差异外，离子谱线和原子谱线的强度之间存在很大差异。以 Ca 元素的特征谱线为例，图 3-10 为从 365～450 nm 波段内 Ca 元素的部分原子谱线和离子谱线强度图。从图中可以看出，烟尘光谱中离子谱线 Ca II（370.60 nm、373.69 nm）的强度远高于烟灰 LIBS 光谱中 Ca II 谱线的强度。而在原子谱线的强度关系则完全相反，烟尘谱中 Ca I 谱线（430.25 nm、442.54 nm、443.49 nm、445.59 nm 等）的强度远低于在烟灰谱中的强度。类似地，Mg 元素的原子谱线和离子谱线之间的关系与 Ca 的关系相同，如图 3-11 所示。

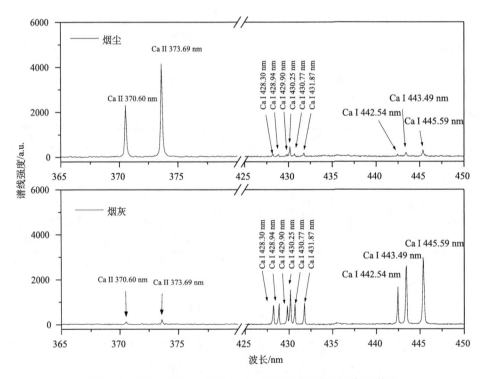

图 3-10　365～450 nm 波段内 Ca 元素的原子谱线和离子谱线

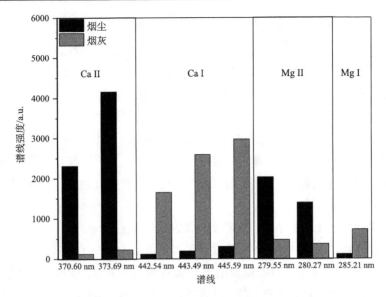

图 3-11 Ca 元素与 Mg 元素的原子及离子特征谱线强度图

考虑到这两种样品是存在于不同的基体中的，而 Ca 元素都是存在的，那么基体效应就有可能是导致这种现象的主要原因。所谓基体效应，是指激光烧蚀过程中由于物质的物理和化学结构不同而产生的非线性激光与物质相互作用，这将会导致不同的等离子体发射光谱信号。基体效应对 LIBS 的探测研究具有重要意义，将会在很大程度上影响 LIBS 探测的准确性。在本小节的研究工作中，由于香烟烟尘接近于气体，其密度远低于烟灰，这导致烟尘样品中的等离子体温度高于烟灰样品。在激光与物质相互作用过程中，极高的等离子体温度会使等离子体中原子发生电离生成离子。等离子体温度越高，发生电离的原子就越多。因此，元素的离子谱线会随着等离子体温度的升高而变高，而原子谱线的强度则随着等离子体温度的升高而变低。

3.2.4 CN 自由基分子光谱分析

利用本书设计的 LIBS 探测系统，不仅能够进行元素成分探测，还能够完成对分子的探测研究。本部分将 LIBS 应用于 CN 自由基分子光谱的分析中。由于等离子体的外层附件温度低于等离子体中心的温度，样品中的分子可以直接从样品中释放出来并与大气环境中的分子结合[123]，从而形成自由基分子，如 CN 自由基等。

CN 分子主要是通过碳原子与大气中的氮原子反应而形成[124]。在大多数情况下，CN 发射谱是由芳香环释放的 C_2 分子和空气中的 N_2 分子发生重组而产生的[116]，而 C_2 分子则是通过碳原子和离子的重组形成的。但是，由图 3-9 可以发现，C_2 特征谱线（通常约为 516.5 nm）和 C 元素的离子线（通常约为 426.7 nm）在烟尘光谱中都不存在。因此，在本次的实验中，CN 分子并非由 C_2 分子和 N_2 分子的重组形成，而是存在着其他的形成途径。根据文献报道[125]，CN 分子很可能是由有机物质中的 C 原子和等离子体中的空气中的 N 原子直接反应而产生的。因此，可以推断出 CN 分子谱线与烟尘中的有机成分如尼古丁和苯并芘等有着密切关系。因此，有望通过研究 CN 分子谱线来对烟尘中的有机物质进行探测，从而大大拓宽 LIBS 探测领域。

　　在香烟烟尘的 LIBS 光谱中观察到的 CN 分子谱线段如图 3-12 所示。为了准确标定这些谱线，在 LIFBASE 上模拟了大气环境下 CN 分子谱线，将其与实验结果比较，如图 3-12 所示。对比模拟结果与实验结果可发现，实验中观测到的谱线为 CN 自由基在 $B \rightarrow X$ 跃迁产生的，其谱线范围为 375～389 nm。并且由振动跃迁产生的谱线的强度（其分布在带的右侧）高于由转动跃迁产生的发射谱线。软件模拟 CN 自由基分子光谱各振动能级跃迁布局如图 3-13 所示，同时对谱线强度较高的主要振动谱线的能级进行标定，并将各条谱线对应的能级跃迁标注在图中。此外，分子温度是一个重要的热力学参数，对于研究分子的转变及其化学反应具有重要意义，故而在 LIFBASE 上对振动温度和转动温度进行计算，结果表明，振动和转动温度分别为 8000 K 和 7700 K。

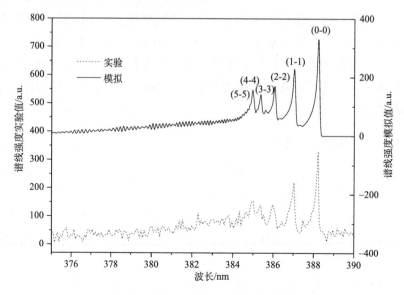

图 3-12　模拟与实验 CN 辐射谱对比图

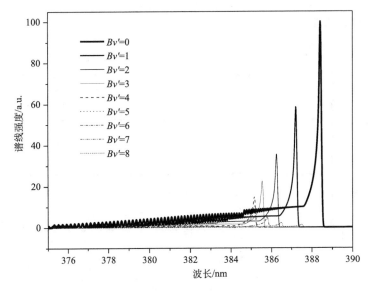

图 3-13　模拟 CN 分子辐射谱能级布局

3.2.5　烟气中铅的半定量检测

以上的实验和分析已经初步验证了用 LIBS 探测系统定性探测香烟烟尘成分的可行性。然而，香烟烟雾中有毒成分的定量分析也必不可少。在这一部分，鉴于 Pb 元素对人体的巨大危害，我们主要研究对 Pb 元素的定量探测方法。将待测香烟样品浸泡在不同浓度的（CH_3COO）$_2$Pb·$3H_2O$ 溶液中，待香烟在干燥箱中完全干燥后，同之前操作进行实验，采集获得这些香烟燃烧产生烟尘的 LIBS 光谱。在分析之前，我们选择距离 Pb I（405.78 nm）谱线较近的 Ca II（396.85 nm）谱线作内标谱线将光谱数据归一化。

图 3-14 为不同浓度 Pb 元素烟尘在 395～450 nm 波段的光谱。从图中可以看出，当 Pb 浓度为 0 时，在光谱信号中是观察不到 Pb I 特征谱线的，而随着 Pb 浓度的增加，Pb I（405.78 nm）谱线开始出现并逐渐加强。由此，可以发现通过本 LIBS 探测系统有望实现对香烟烟尘中 Pb 或其他有害成分的原位定量分析。

3.2.6　烟气中铅同位素分析

自然界中铅元素存在四个同位素（m/z = 204, 206, 207, 208）。3.2.2 节利用 LIBS 能够探测气溶胶样品的元素组成，但却不能分辨各元素的同位素。因此，结合单颗粒气溶胶飞行时间质谱系统对烟气气溶胶进行原位探测。质谱分析不仅可以实现样品的定性分析，验证 LIBS 系统元素分析的结果，而且可以探测气溶胶样品中的 Pb 同位素丰度。

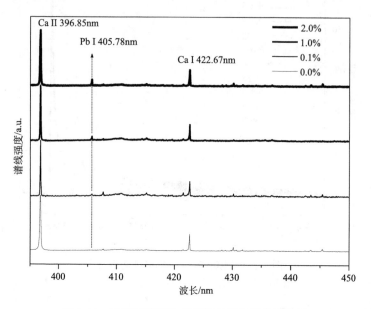

图 3-14　不同铅溶液浓度下铅元素特征谱线变化

　　烟气气溶胶中 Pb 同位素的质谱如图 3-15 所示。由此图可以看出,通过 SPAMS 数据可以明显观察到 Pb 的主要三种同位素($^{206}Pb^+$、$^{207}Pb^+$、$^{208}Pb^+$)。然后根据峰

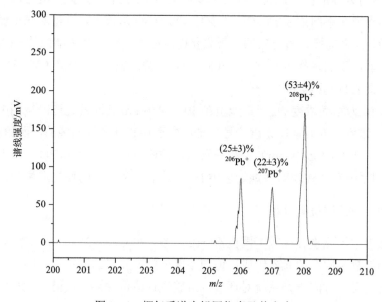

图 3-15　烟气质谱中铅同位素及其丰度

值强度计算出这三种主要铅同位素的丰度，其结果与自然界中的铅同位素丰度基本一致。由于不同来源污染物的元素有着不同的同位素丰度[126]，因此，可以推断出，通过使用 SPAMS 分析，可以根据同位素丰度确定污染物的来源。

3.3　庙宇香烟雾在线探测

一些庙宇香生产厂家为了降低成本，大量生产并出售劣质香。而在市面上的部分香中都含有大量的重金属成分，如铅、镉、铬等，经 $PM_{2.5}$ 或者气体进入人体后将对血液循环以及神经系统造成损害，并将直接导致严重的空气污染[127,128]。燃烧产生的熏香烟包括各种颗粒物和气态污染物，通常以亚微米或更小尺寸衡量，主要包括一氧化碳、二氧化氮、二氧化硫等无机气体和各种挥发性有机物。庙宇香燃烧所剩的香灰和弥漫在空气中的熏香烟尘都会对人体健康构成威胁甚至引发疾病，严重的会导致慢性接触性皮炎、呼吸道系统的化学过敏、哮喘、慢性肺病以及偏头痛等各类疾病[129-131]。

铅作为一种有毒有害的重金属元素，对身体危害很大。据报道，焚香中的铅对血铅浓度有影响[111,132-134]。血铅超标会引起机体的神经、消化、血液等一系列系统紊乱，从而影响人体机能的正常工作。庙宇香燃烧所产生的环境污染可能会导致人体血铅增高，进而引发各类疾病。因此，本节以铅为例来模拟大气中的重金属污染。本节通过 LIBS 在线检测大气中燃烧烟尘的重金属，并且首次结合 LIBS 和 SPAMS 技术实现了烟尘中 Pb 的同位素检测。

3.3.1　实验参数及样品制备

实验中所用激光束的脉冲能量对于固体样品约为 120 mJ，对于烟雾样品约为 280 mJ。实验样品的原料为从市场购买的庙宇香，本书共需要三种样品。样品 1 是直接检测烧香产生的烟雾，无须任何处理。样品 2 为含铅烟，将香浸入未知浓度的乙酸铅溶液中，并在实验前将香在烘箱中烘干。样品 3 是烧灰后收集的香灰。此外，为了进行定量分析，这些香灰根据不同浓度的乙酸铅溶液分为 9 组。配制不同浓度的溶液，浓度分别为 200 ppm①、400 ppm、800 ppm、0.1%、0.2%、0.4%、0.6%、0.8%、1%。在将这些样品彻底干燥后，将每个待测样品通过压片机均匀压成直径和厚度为 10 mm 的样品，以便更好地测量。为减少实验系统随机误差的影响，保证样品测量的均匀性，对 50 个测量光谱进行了平均。

---

① 对于质量而言，1 ppm=10^{-6}。

3.3.2　空气谱和燃烧庙宇香烟雾的实时在线探测

本节对庙宇香燃烧过程中产生的烟雾进行在线实时探测。为了更好地分析烟雾的成分，首先用 LIBS 测试了空气的成分，分析空气元素的光谱以确定空气谱中主要元素。如图 3-16 所示，可以观察到空气的成分基本上是氮、氧和氢（H_α），这与我们对空气成分的认识是一致的。

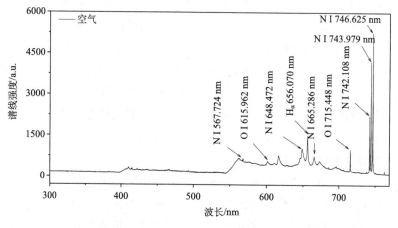

图 3-16　空气在 300~770 nm 波段的光谱图

之后，通过 LIBS 在线检测庙宇香燃烧的烟雾。如图 3-17 所示，烟雾光谱中已识别出部分金属和非金属元素，如 Ca、Na、H 和 CN 分子带。

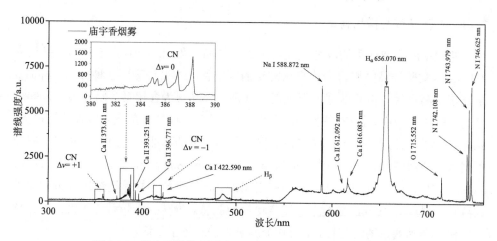

图 3-17　庙宇香燃烧烟雾在 300~780 nm 波段的 LIBS 光谱图

此外，将实验所用的庙宇香样品浸入了未知浓度的乙酸铅溶液中，充分浸泡后在干燥箱中用 120 ℃的高温干燥该样品，点燃以后再进行 LIBS 实验，即在线分析含铅烟尘。为了准确识别 Pb 元素的特征谱线，选择纯铅谱作为参考。如图 3-18 所示，通过比较可以准确地识别出浸入溶液的样品的光谱图中的 Pb 的三个特征谱线（363.91 nm、368.28 nm 和 405.73 nm）。

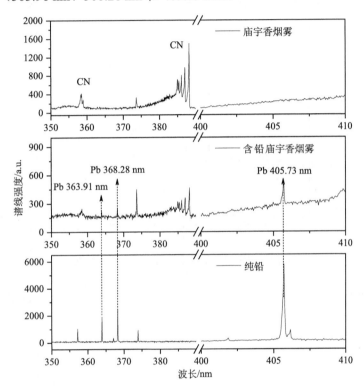

图 3-18　庙宇香烟雾、含铅庙宇香烟雾和纯铅的光谱对比图

由于 LIBS 无法对原子进行同位素分析，因此采用单粒子气溶胶飞行时间质谱仪[135, 136]来检测香烟中 Pb 的同位素。事实上，铅元素存在四种同位素（m/z=204、206、207、208）。如图 3-19 所示，除了 ^{204}Pb$^+$丰度较低，在质谱图中观察到了 Pb 的三种同位素（^{206}Pb$^+$、^{207}Pb$^+$、^{208}Pb$^+$）。根据峰的强度这里得到了三种 Pb 的丰度比，这与自然界中铅的丰度非常吻合，而不同种类的同位素具有不同的丰度比，在某种程度上，同位素的丰度是可以追溯重金属元素来源的[126, 137]。

此外，为了更好地说明检测过程的物理参数，通过 LIFBASE 软件进一步研究了 CN 分子的振动和旋转温度，LIFBASE 软件是为双原子分子开发的光谱模拟软件，可用于拟合光谱数据两个振动带。在 LIFBASE 软件中，校正基线和波长偏移并调整振动和旋转温度，直到模拟结果最接近实验值。两种结果的比较如图 3-20 所示，它们是一致的。因此，庙宇香烟雾中 CN 分子的振动温度和旋转温度分别为 7500 K 和 7300 K。然而，我们发现许多元素无法被检测到，因为烧香产生的烟雾浓度低。因此，本小节主要研究香灰。

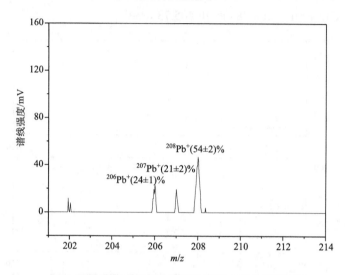

图 3-19　庙宇香烟雾中铅同位素和丰度的质谱图

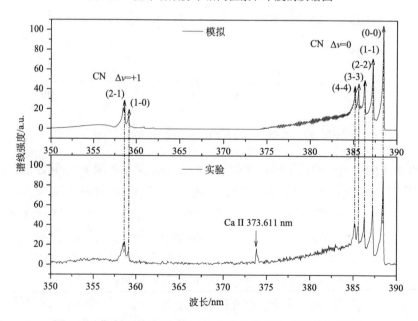

图 3-20　庙宇香燃烧烟雾中 CN 分子的模拟和实验结果对比图

3.3.3　普通香灰的元素成分分析

为了使实验结果的光谱识别更加清晰直观，将普通香灰的 250～660 nm 光谱范围分为四个波段，如图 3-21 所示。参考 NIST 数据库和一些研究[86,113,138,139]，部分元素根据特征峰被确定为 Mg、Al、Na、Si、Ca、Fe、H 等。

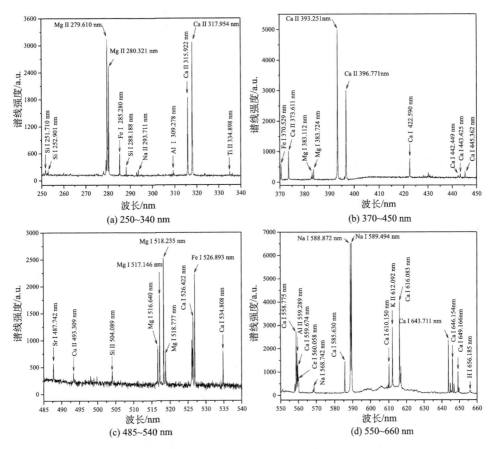

图 3-21　燃烧香灰在 250～660 nm 波段的 LIBS 光谱图

3.3.4　含铅香灰的元素成分分析

铅是一种有毒的重金属元素，由于与人体健康有关，因此研究香中的铅具有重要意义。将一定浓度的铅溶液加入香灰中，并得到了其 LIBS 光谱图，如图 3-22 所示，通过与纯铅的光谱图对比，样品光谱中 Pb 的三个特征谱线也可以很容易地识别，这进一步证明了实验的准确性。

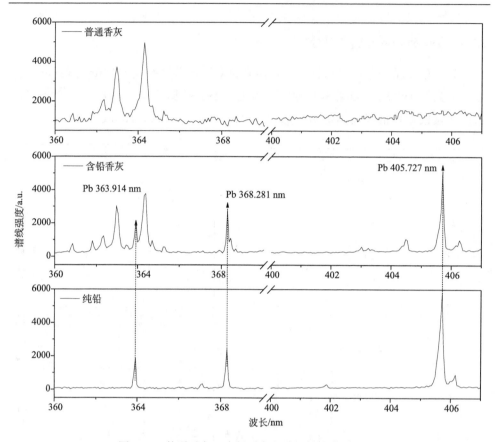

图 3-22　普通香灰、含铅香灰和纯铅的光谱对比图

3.3.5　通过内部标准方法对 Pb 进行定量分析

为了进行定量分析，本实验使用内标法来确定香灰中 Pb 元素的浓度，这在一定程度上消除了由操作条件变化而引起的误差，从而使测量结果更准确。内标方法抵消了样品量，甚至流动相和检测器的影响。定量分析基于 Lomakin- Scheibe 方程，已经在第 2 章做出详细介绍，此处不再赘述。

从图 3-23 可以看出，相对强度与 Pb 浓度的线性相关系数（R^2）为 0.99709，这意味着香灰的 LIBS 光谱中的 Pb 谱线强度与香灰中相应 Pb 的浓度成正比。因此，可得出结论，通过使用 LIBS 分析 Pb 的谱线强度可确定香灰中 Pb 的浓度。误差线表示光谱校准的不确定性会导致定量分析过程中铁元素的波动。随着激光能量的增加和元素浓度的增加，可能的饱和度在校准过程中非常重要。对于当前的测量以及所有不同的浓度，激光功率均保持相同，并且未观察到明显的饱和效应。

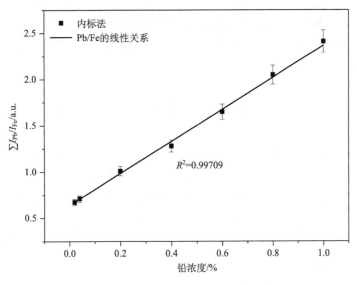

图 3-23　庙宇香灰中 Pb 元素的校准曲线

3.3.6　LIBS 光谱中 Pb 元素的检出限

LIBS 光谱中的背景光会干扰特征谱线的识别和元素含量的校准。当元素含量太低时，由于这些特征线的强度与背景光的强度相当而无法校准它们。因此，需要计算校准曲线的检测限（LOD），以获得 Pb 元素的定量分析范围。

本节中用于铅含量校准的三个谱线主要分布在 360～405 nm 波段内。因此，此处选择 410～415 nm 波段的其他元素较少的光谱作为背景光。根据式（2-1），LIBS 法对香灰中 Pb 的检出限为 46.6 mg/kg。

对燃烧过程中产生的烟雾进行在线实时检测，并对其光谱进行分析，识别出 Na、Ca、K 等区别于空气的主要金属元素。此外，烟气光谱中也识别出 CN 分子带，通过 LIFBASE 软件计算，香烟中 CN 分子的振动温度和旋转温度分别为 7500 K 和 7300 K。而且，将浸在铅溶液中的干香点燃后，在线香烟中仍能检测到铅。同时利用 SPAMS 实现 Pb 的同位素检测，检测出 Pb 同位素并计算 Pb 同位素丰度比。用 LIBS 获得了普通香灰的光谱，可以鉴别出主要的金属元素，如 Al、Fe、Cu、Mg、Ca、Ti 等。含铅香灰样品光谱中的三条谱线（363.914 nm、368.281 nm、405.709 nm）也可准确鉴定为 Pb 元素。同时采用内标标定法对 Pb 进行定量分析，相对强度与 Pb 浓度的线性相关系数（R^2）为 0.99709，表明粗估 Pb 含量的多少可以通过 Pb 的谱线强度来实现，Pb 元素的校准曲线可以作为 Pb 检测的参考线。此外，通过计算背景光的标准偏差，LIBS 确定香灰中铅的检测限为 46.6 mg/kg。综上所述，实验结果表明，LIBS 在香烟的快速分析和在线检测中是可行的。此外，结合 LIBS 和 SPAMS 技术实现重金属元素检测和同位素分析，对环境监测和人类健康具有重要意义。

3.4　焊锡作业环境烟雾探测分析

随着工业技术的发展，电子焊接技术已经日趋完善。几乎在所有的工业中都有应用，例如，航天工业、仪表工业、汽车工业以及能源、医药等领域。在日常生活中，人们也都多多少少掌握了一些焊接技巧以应对平时的小问题。在学习方面，很多高校都开设电子焊接课程来锻炼学生的动手能力。可见，电子焊接技术已经渗透到生活的方方面面。因此，由电子焊接技术所引起的局域空气污染也受到了越来越多的关注。

3.4.1　实验参数介绍

基于 LIBS 的实时检测实验系统由 Nd:YAG 脉冲激光器、自行搭建的反射镜和对焦透镜组成的光学系统、光谱仪（配备充电耦合装置）、触发装置、时间延迟装置、计算机、光纤探头组成。实验所用的激光单脉冲能量是 260 mJ，激光的基本波长为 1064 nm，重复的频率为 10 Hz，持续时间为 6 ns，触发装置检测时间为 1.5 μs。

3.4.2　原位在线探测焊锡烟雾

本节以电烙铁为例，通过 LIBS 研究由电子焊接技术引起的局域空气污染。选择市面上使用最多的含铅锡线作为焊料来模拟焊锡作业。电烙铁在工作时，不可避免地会产生一些烟雾，烟雾中含有大量的金属离子，一旦被人体吸入，会对身体健康造成危害[140]。这些金属离子如果扩散到空气中，也会造成局域空气污染。

为了模拟工人使用电烙铁焊锡时的情况，实验时采用工人的手法。先将电烙铁插上电源，等待烙铁头加热至 200 多摄氏度后，用烙铁头沾松香（保护烙铁头），等待 1 min（使松香消失）后上锡，用锡线与烙铁头充分接触，使锡线融化在烙铁头上。在此过程中，烙铁头产生烟雾。通过实验，得到烟雾的 LIBS 光谱。将采集到的光谱与 NIST 数据库中元素的特征谱线进行对比，将光谱波长漂移进行校准，标定结果如图 3-24 所示。烟雾中观察到 Sn、Pb、Fe、Na、K 等金属元素，还检测到 N、O、C 等非金属元素。在 363.95 nm、368.34 nm、373.99 nm、405.78 nm 处发现 Pb 的特征谱线，并满足 NIST 数据库中实验得出的铅元素谱线强度关系，

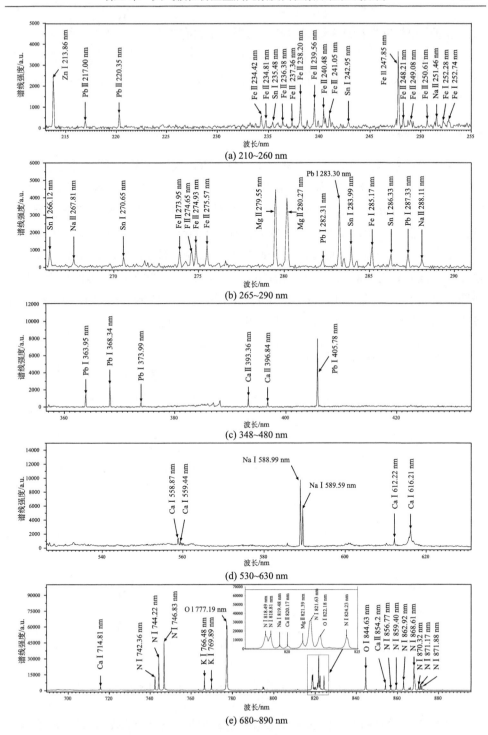

图 3-24　电烙铁焊锡烟雾不同波段光谱图

从而验证了电烙铁焊接含铅锡线时产生的烟雾中含有重金属铅。进行电烙铁焊接时需要精细操作,这意味着人们需要靠近焊接点,那么铅元素就会通过呼吸道进入人体,不仅影响人体血红蛋白的合成,诱发溶血,而且破坏消化系统黏膜,造成萎缩性胃炎[44,141]。

3.4.3 定量分析

本实验还对烟雾中的铅元素进行了定量分析,大致估算出烟雾中铅元素的含量,以此来证明使用电烙铁焊接含铅锡线的危险。实验采用的是元素内标法[142,143]。将样品分成三份分别浸泡在不同浓度的乙酸铅溶液中,在40℃的低温下烘干。经过计算,三份样品中铅元素的质量分数分别为50 mg/kg、100 mg/kg、200 mg/kg。以含铅元素质量分数为200 mg/kg样品的光谱为例,通过比较原始样品光谱与含铅元素质量分数为200 mg/kg样品的光谱,选取340~420 nm这一段光谱分析,如图3-25所示。由图可知,363.95 nm、368.34 nm、373.99 nm、405.78 nm这四条为铅的特征谱线。对铅元素的定量分析就由此为基础。

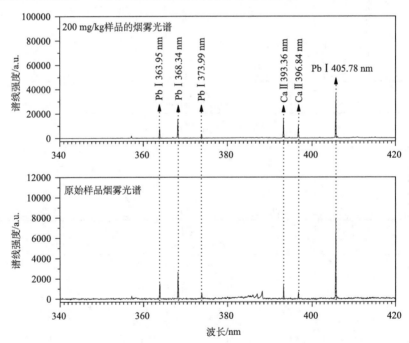

图3-25 200 mg/kg样品产生的烟雾光谱与原始样品烟雾光谱的对比[4]

根据第2章介绍的内标法对元素进行定量分析,本部分以铅元素的浓度为 x 轴,4条铅元素特征谱线的相对光强的和为 y 轴,用不同浓度的样品重复实验,得到图 3-26。由图 3-26 得出的拟合曲线与特征谱线强度有较好的线性关系,因此根据定标曲线和实时的空气 PM_{10} 或 $PM_{2.5}$ 浓度可得出烟雾中 Pb 的含量。

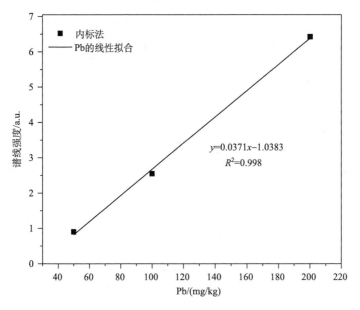

图 3-26　特征光谱的线性拟合曲线

3.4.4　铅元素的检出限

此外,对铅元素的检出限进行了计算。LIBS 中的背景光会干扰特征谱线的识别和元素含量的标定,如果元素含量过低,特征谱线和背景光混淆,无法标定特征谱线。因此,需要计算出铅元素定标曲线的检出限得出铅元素定量分析的有效范围。LIBS 的检出限可由式(2-1)求出,式中的 σ 是背景光强度的标准差。由于定标曲线是由内标法[4, 5]得到的,所以背景光相对于参考谱线 Ca II(393.366 nm)的相对强度计算得出。K 是定标曲线的斜率。在本部分中,背景光采用的是 340～350 nm 波段的光谱,计算得出烟雾中铅元素的检出限为 19.35 mg/kg。

3.4.5　等离子体温度

等离子体满足 LTE 时,等离子体的温度可以通过 Boltzmann 直线法计算得出。具体计算原理和公式在第 2 章已给出详细介绍。

该处选取铅元素含量为 200 mg/kg 的样品,根据 LIBS 中的 363.95 nm、368.34 nm、357.27 nm、373.99 nm、405.78 nm 这五条铅的特征谱线的波长 λ 和强度 I_{ij},在 NIST 原子标准数据库中查到各自跃迁的概率 A_{ij}、跃迁上能级的统计权

重 g_k 和跃迁上能级的激发能 E，通过线性回归的方法得到等离子体温度 $T(\text{K})$。如图 3-27 所示，经过计算得温度 T=7143 K。

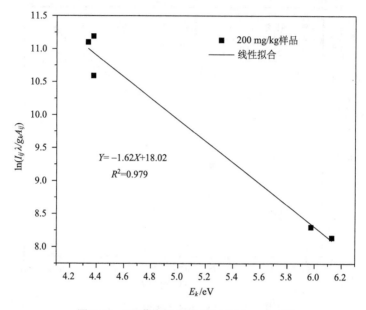

图 3-27　Pb 谱线拟合的 Saha-Boltzmann 图

利用 LIBS 对电烙铁焊锡线时产生的烟雾进行在线分析，在烟雾中发现了重金属元素铅以及其他金属元素，证明使用含铅锡线会导致局域重金属空气污染。以 Ca II 393.36 nm 为参考谱线，使用元素内标法计算出铅元素的检出限为 19.35 mg/kg。运用 Boltzmann 直线法对 200 mg/kg 的样品光谱中的 4 条铅元素的特征谱线进行线性拟合，计算出实验中等离子体温度为 7143 K。本实验说明了使用电烙铁进行焊锡操作时，若使用的锡线含铅，则产生的烟雾中也会有重金属铅的存在，对室内空气造成污染，对使用者的健康造成危害。此外，本实验证明了自行设计的 LIBS 实验系统在检测局域空气污染方面具有实时性和原位性的优势。

3.5　秸秆焚烧烟雾在线探测

焚烧秸秆的现象屡禁不止，焚烧秸秆会产生大量的重金属以及有毒有害物质，它们随着烟雾飘散到大气环境中，对人类的健康造成了严重的威胁。传统的对重金属元素的探测方法有离子色谱法、原子吸收光谱法等。这些探测方法均属于离线检测，需要对样品进行预处理操作，不适于在线检测烟尘颗粒物。LIBS 是一种新型的元素探测方法,具有多元素分析同时进行、检测时间短、灵敏度高、样品损失小等特点.本节基于 LIBS 搭建了一套实验系统并结合 SPAMS 技术原位在线探测秸秆燃烧烟尘颗粒物以及其中的重金属元素。

水稻是人们最主要的粮食作物之一,尤其是在中国东北地区和南部地区,人们以种植水稻为主。近几年,在部分地区焚烧水稻秸秆的现象时有发生,对当地的生态环境造成了严重的污染,其产生的颗粒物飘散到大气中,加重雾霾。焚烧水稻秸秆会生成大量的有毒物质,其中的重金属元素会随着烟尘颗粒物飘散到空气中,对人与其他生物的健康造成了巨大的威胁。

在前期积累了对水稻秸秆燃烧灰烬离线探测的经验后,我们对实验平台进行了优化,并调整了仪器的相关参数,更换了新的光谱仪(光谱测量范围更大)。优化后实验平台的优势在于不需要对待测物进行样品处理,可以实时在线对烟尘颗粒物进行探测。本节以水稻秸秆燃烧烟尘颗粒物为例,将 LIBS 与 SPAMS 技术相结合,尝试对其进行原位在线探测,对烟尘中的重金属元素进行在线半定量分析,在线检测重金属元素的同位素,为水稻秸秆焚烧现象的治理提供实验依据。

3.5.1　实验系统的参数调整

实验平台包含激发光源:Nd:YAG 固体激光器;光路透镜系统:反射透镜、聚焦透镜($f = 150$ mm);光谱采集系统:四通道光谱仪(积分时间设为 2 ms)、光纤耦合透镜;时间延时控制系统:时序控制器(延迟时间可调);光谱分析软件(计算机)。单脉冲激光从激光器发射,经反射透镜组反射与聚焦透镜聚焦到待测样品表面,激发出高温等离子体,高温等离子体发生辐射跃迁时产生的光信号会被光纤探头收集到光谱仪中,再经过光谱仪的分析与光谱软件的处理获得光谱图。

3.5.2　基于 LIBS 对秸秆燃烧烟雾的在线探测

实验条件为常温环境,为了更直观更深刻地分析秸秆燃烧烟尘对空气的污染,分别对秸秆燃烧烟尘和空气进行 LIBS 光谱的在线检测,通过光谱仪分析得到光谱图。在 LIBS 实验数据采集与分析的过程中,波长漂移现象的存在是不可避免的,因此,必须对所得到的光谱进行波长校准。通过对光谱中的谱线数据与 NIST 数据库进行对比,对谱线进行元素标定。将标定后的空气光谱图与烟尘光谱图进行对比,结果如图 3-28 与图 3-29 所示。

可以在图中看到,空气中探测到 N、O、H_α、H_β 等元素的存在,这些特征谱线大多位于 500~750 nm 区间内,而空气中存在的主要成分是氮气和氧气,空气谱线中探测到的实验结果与理论相吻合。而在 656 nm 处探测到氢的特征谱线,是因为空气中存在着一些水蒸气。而秸秆燃烧烟雾中除了探测到 N、O、H_α、H_β 等元素外，还探测到 C、Mg、Ca、Mn 等元素的存在，同时还探测到了 CN 分子谱线。通过对比空气与秸秆燃烧烟雾的光谱可以看出，随着秸秆燃烧，秸秆中的金属元素会随着烟尘飘散到空气中，可以通过光谱仪采集到烟尘中金属元素的光谱信号，同时空气中非金属元素如 N、O、H_α 等也被探测到。

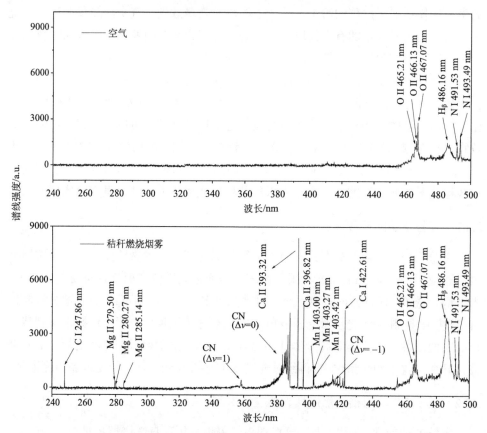

图 3-28　空气与秸秆燃烧烟雾在 240～500 nm 波段的特征光谱图

　　为了模拟水稻秸秆燃烧对空气造成的污染，选取一定量的水稻秸秆样品进行模拟实验，实验环境为常温环境。在实验过程中，秸秆燃烧产生的烟雾会被空气中的流动气流所影响，造成实验数据不准确。为了使实验数据更准确，我们将秸秆燃烧产生的烟尘汇集进导管中，使烟尘稳定地流出导管，并将激光焦点聚焦到导管出口处，对秸秆燃烧烟尘进行 LIBS 在线检测，并对得到的光谱图进行波长校准，校准后的谱线如图 3-30 所示。将光谱中的谱线数据与 NIST 数据库进行对比，对谱线中的元素进行定性分析。可以观察到，秸秆燃烧烟尘中确实存在着一些金属元素，如 Mg、Ca、Mn、Na、K 等元素，这些金属元素会随着烟尘飘散到空气中，在 240～430 nm 波段主要分布的是金属元素的特征谱线，其中 Mn 元素为重金属元素，过量的吸入会危害人的身体健康，更严重的会导致人体神经系统的紊乱。同时还探测到 CN 分子谱线。在 460～900 nm 波段的谱线对应的主要元素为空气中的 N、O、H_α、H_β 元素，同时还观测到 Na、Mg、K 等金属元素。

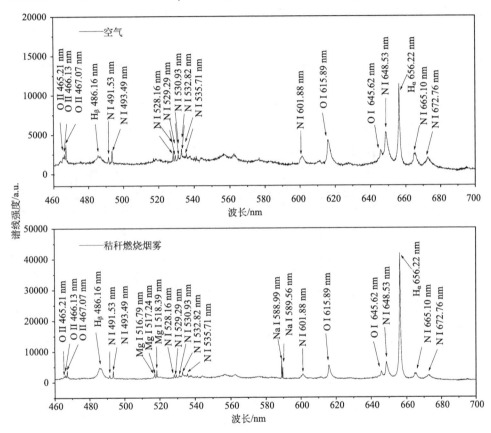

图 3-29　空气与秸秆燃烧烟雾在 460～700 nm 波段的特征光谱图

3.5.3　秸秆燃烧烟雾中的 CN 自由基温度拟合

我们利用 LIBS 在水稻秸秆燃烧烟雾实验中在线探测到了 CN 自由基的存在，自由基一般在化学上也被叫作游离基，自由基的形成是由于一些化合物受到外界条件如光、热、辐射等的影响，分子本身发生共价键断裂而形成不成对的电子或原子基团。自由基可以参与很多化学反应，例如在大气光化学反应、燃烧反应、光化学烟雾的形成过程中都有参与[115,116,144]。自由基在很多反应中以中间态的形式存在，在反应过程中，自由基有着浓度低、存在时间短的特点。

　　CN 自由基从一开始被发现到现在一直都是光谱领域的热门研究对象，它是一种氰基，CN 分子在化学反应过程中存在的时间非常短，它可以在一些常见的化学反应过程中被探测到，如燃烧、放电、等离子体荧光辐射等反应。CN 自由基的分子谱线分布在 355~360 nm、384~390 nm、413~423 nm 这几个区间内，其中第一区间对应 $\Delta v = 1$ 序列，第二区间对应 $\Delta v = 0$ 序列，第三区间对应 $\Delta v = -1$ 序列。

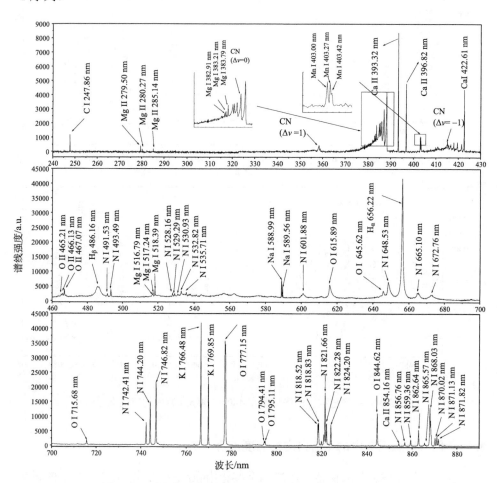

图 3-30　秸秆燃烧烟雾在 240~890 nm 波段的特征光谱图

　　由此可以推测，水稻秸秆燃烧烟尘光谱中的 CN 自由基是由 C 原子与 N_2 分子直接反应生成的。还有一种可能是由于水稻中的 C 元素与空气中的 O_2 发生反应产生 CO_2 分子，CO_2 分子在脉冲激光照射下与空气中的 N_2 发生反应生成 CN 分子[145,146]。

从图 3-29 可以看出，空气光谱图中是没有 CN 分子谱线的，据此推测是因为普通空气中没有 C 元素，并且普通空气中 CO_2 含量很低，无法被检测到。为了验证这个推断，在相同实验条件下对激光焦点处进行人工吹气，进行人类呼出气体的模拟实验，人呼出的气体含有比较高浓度的 CO_2 分子，对气体进行光谱采集，如图 3-31 所示，结果显示探测到了 CN 分子。从而验证了 CN 自由基是由于 CO_2 分子在脉冲激光的作用下与空气中的 N_2 发生反应而生成的。

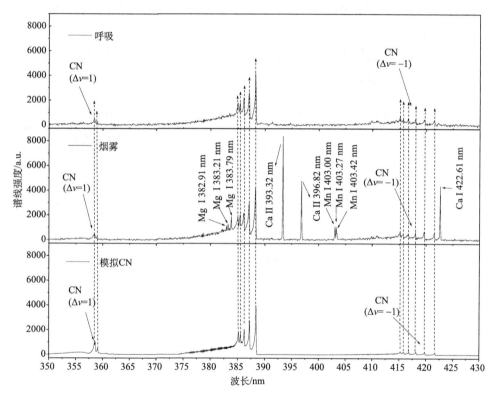

图 3-31　CN 分子光谱的模拟图与样品燃烧烟雾中的 CN 分子光谱图

利用 LIBS 可以探测到 CN 分子在 $B^2\Sigma^+ \to X^2\Sigma^+$ 态振动跃迁发射谱线，我们在秸秆燃烧烟尘实验中探测到了 CN 分子光谱，在对人类呼气的实验中也探测到了 CN 分子光谱，利用 LIFBASE，一种被广泛用于分析双原子分子和自由基光谱的仿真软件，对在实验中探测到的 CN 分子光谱数据进行拟合，得到 CN 分子光谱的拟合图像。将实验数据导入到 LIFBASE 软件中进行拟合，在拟合过程中首先要对实验数据进行波长漂移和基线矫正。在软件中选择基线矫正（baseline correction），输入数值进行基线矫正，经过模拟测试，基线矫正的数据为 0.5%，之后选择波长漂移纠正（wavelength correction），拟合完成的数据为–0.13 nm。调整好基线和波长偏移后，由于 CN 实验的光谱数据与 CN 拟合的光谱数据相比，均方差有偏差，接下来需要调整振动温度和转动温度对实验数据进行拟合，使软件拟合光谱数据与实验采集光谱数据的均方差值相差最小，将两个 CN 光谱数据拟合到基本重合后，得到 CN 分子的振动温度为 8000 K，转动温度为 7700 K。将人工吹气产生的 CN 分子光谱与秸秆燃烧烟雾光谱以及通过计算拟合出的 CN 分子光谱进行对比，如图 3-31 所示。可以看到，模拟得到的数据与实验结果非常吻合，数据重合度较高。

同时，模拟得到烟尘的 CN 分子转动温度为 7700 K，利用 LIFBASE 软件计算出 CN 分子在 $X^2\Sigma^+$ 态的各振动能级粒子布居数，如表 3-2 所示。

表 3-2　水稻秸秆燃烧烟雾中的 CN 分子在 $X^2\Sigma^+$ 态的各振动能级粒子布居数

$X^2\Sigma^+$（v''）	振动种群	旋转温度/K
$v''=0$	0.320672	7700.0
$v''=1$	0.218873	7700.0
$v''=2$	0.150474	7700.0
$v''=3$	0.104242	7700.0
$v''=4$	0.072801	7700.0
$v''=5$	0.051283	7700.0
$v''=6$	0.036457	7700.0
$v''=7$	0.026219	7700.0
$v''=8$	0.018980	7700.0

3.5.4　对含铅秸秆燃烧烟雾的 LIBS 在线探测与分析

通过之前的秸秆燃烧烟尘实验，观测到秸秆所含有的重金属元素 Mn 会随秸秆燃烧飘散到空气中，过量吸入会对人体产生严重的健康威胁。为了模拟重金属污染，本节选择了重金属 Pb 元素进行研究，铅元素是一种具有神经毒性的重金属元素，对人体无任何有益作用，人体一旦吸收了过量的铅元素，就会产生铅中毒现象，对人体造成巨大的损害。

实验通过制备含重金属 Pb 的秸秆样品，并对含铅的秸秆燃烧烟雾进行 LIBS 探测，对铅元素进行半定量分析。在制备实验样品时，把秸秆样品分为两份，每份秸秆质量相同。用乙酸铅制备出两种不同浓度的含铅溶液，将两份秸秆样品分别浸泡在不同浓度的含铅溶液中，浸泡时间为 24 h，浸泡完成后对样品进行烘干处理，烘干温度为 30℃。将含铅秸秆点燃，对秸秆燃烧烟雾进行在线探测，两种含铅秸秆燃烧烟雾的光谱图与原始秸秆燃烧烟雾光谱图如图 3-32 所示。通过对比两种含铅秸秆燃烧烟雾光谱图与原始秸秆燃烧烟雾光谱图可以发现，含铅秸秆燃烧烟雾的光谱图内明显多出了 5 条波长分别为 357.26 nm、363.89 nm、368.37 nm、373.94 nm、405.74 nm 的特征谱线。通过与 NIST 的数据库对比可以看出，这些谱线全部都是 Pb 元素的光谱线。

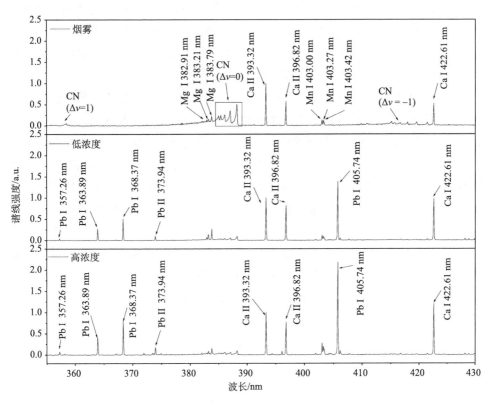

图 3-32　原始秸秆燃烧烟雾与含铅秸秆燃烧烟雾的 LIBS 光谱图

对其中三条 Pb 元素的特征谱线（363.89 nm、368.37 nm、405.74 nm）进行进一步分析，并选取 Ca II（393.32 nm）谱线为参考谱线，对含铅秸秆燃烧烟雾的光谱图进行归一化处理，对比两种不同浓度的含铅秸秆燃烧烟雾的光谱图可以发现，经过归一化处理，在两种样品燃烧烟雾中探测出的 Ca II（393.32 nm）谱线强度是基本相同的，在含 Pb 浓度高的秸秆燃烧烟雾的光谱图中，Pb 元素的特征峰值强度较高，在含 Pb 浓度低的秸秆燃烧烟雾的光谱图中，探测到的 Pb 元素的特征峰值强度较低。可以证明，秸秆燃烧烟雾中 Pb 元素谱线的相对强度与秸秆中的 Pb 浓度成正比,实现了 LIBS 探测秸秆燃烧烟雾中重金属 Pb 元素的半定量分析,并且有望实现秸秆燃烧烟雾中重金属元素的定量分析。

3.5.5　水稻秸秆燃烧烟雾的质谱分析

在利用 LIBS 探测水稻秸秆燃烧烟雾的实验中,观测到较多的金属元素以及 CN 分子光谱,然而秸秆燃烧过程中还会产生一些分子和离子化合物以及重金属元素的同位素,这些大分子化合物还有重金属元素同位素很难通过 LIBS 手段检测到。SPAMS 是一种被应用于探测成分复杂的大气气溶胶颗粒物的技术,采用 SPAMS 技术可以对水稻秸秆燃烧烟雾颗粒物进行质谱分析,不仅能够检测到颗粒物元素组成,还可以分析单个颗粒的粒径大小等信息。

实验采用的样品来自 LIBS 实验中未经重金属铅元素处理的原始水稻秸秆样品,将样品点燃,水稻秸秆燃烧产生烟雾通过样品进入口进入 SPAMS 系统,经 SPAMS 系统检测,得到烟尘颗粒物单原子信息和化合物组成,实验测得烟雾单颗粒的粒径大小为 0.1~0.2 μm。实验选取了 3 种激光能量去检测单颗粒样品,得到在 3 种激光能量下的质谱图,正离子质谱图如图 3-33 所示,负离子质谱图如图 3-34 所示。为了选取合适的激光能量,将正负离子图中 3 种能量对应的谱线进行比对,从对比图中可以看到,激光能量过小会导致试验样品的单颗粒打击效率过低,探测到的质谱图中的元素谱线不全面,而激光能量过强将会导致碎片离子变得过多,正负离子谱线的峰会变得繁杂,造成质谱分析结果不准确。通过对比 3 种激光能量的质谱图,确定了实验激光能量为 450 μJ。

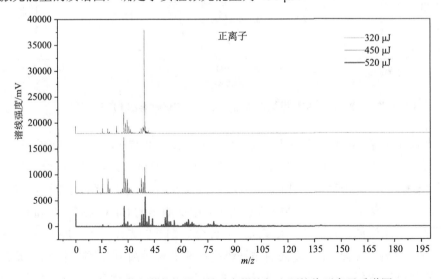

图 3-33　三种激光激发能量下的秸秆燃烧烟尘颗粒物正离子质谱图

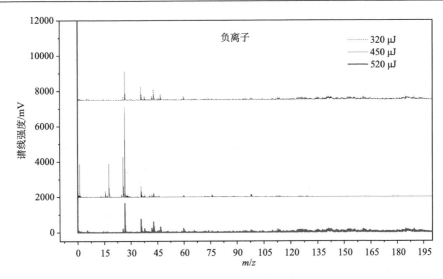

图 3-34　三种激光激发能量下的秸秆燃烧烟尘颗粒物负离子质谱图

将激光能量调整为 450 μJ,将实验样品点燃后对实验样品进行 SPAMS 探测,对探测后的质谱图进行波长校准,得到质谱图。图 3-35(a)为水稻秸秆燃烧烟尘单颗粒的正离子质谱图,从图中的分析结果可以看到,利用 SPAMS 技术检测到了 Na、Mg、K、Ca、Mn、Fe 等金属元素,这些金属元素在 LIBS 光谱图中同样被观测到,SPAMS 技术的实验检测数据结果与 LIBS 的实验数据结果具有高度的一致性。

除此之外,在图中还观测到了 C_2H_5、C_3H_6、C_3H_7、C_4H_5 等烃基分子,这些分子化合物是 LIBS 利用实验观测不到的。图 3-35(b)是负离子质谱图,在图中观测到了 O^-、OH^-、CN^-、C_3^-、C_5^-、CNO^-、NO_2^-、C_2HO^- 等负离子,在这些负离子中,O^-、C_3^-、C_5^-、CN 这 4 种分子化合物或单原子在 LIBS 实验中被观测到,LIBS 实验不能观察到的其余物质如 OH^-、CNO^-、NO_2^-、C_2HO^- 等负离子化合物被 SPAMS 技术检测出来,通过 LIBS 与 SPAMS 技术相结合,实现了利用光学技术手段对水稻秸秆燃烧烟尘颗粒物中的单原子重金属元素以及分子化合物的探测。

利用 LIBS 探测单一元素,数据结果具有很高的准确性和稳定性,但是 LIBS 对于单元素的同位素探测具有很大的局限性,接下来利用 SPAMS 技术对含铅水稻秸秆燃烧烟尘进行在线探测,实验选择的激光能量为 450 μJ,此次实验重点是对烟尘颗粒物中的 Pb 元素及其同位素进行探测。实验结果经过波长校准后,如图 3-36 所示,在正离子质谱图中观察到了重金属 Pb 同位素的 4 个显著的特征峰,

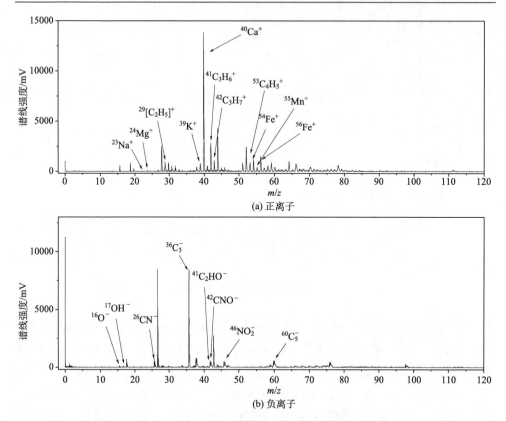

(a) 正离子

(b) 负离子

图 3-35　水稻秸秆燃烧烟尘单颗粒质谱分析图

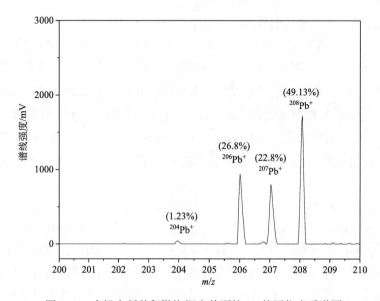

图 3-36　含铅水稻秸秆燃烧烟尘单颗粒 Pb 的同位素质谱图

4 个峰值从左到右相对应的同位素分别为 $^{204}Pb^+$、$^{206}Pb^+$、$^{207}Pb^+$、$^{208}Pb^+$。同时，根据这 4 种同位素的峰值强度进行计算,得到相对应的同位素丰度比分别为 1.23% （$^{204}Pb^+$)、26.8%（$^{206}Pb^+$)、22.8%（$^{207}Pb^+$)、49.13%（$^{208}Pb^+$),自然界中的 Pb 同位素相对丰度比为 1.48%（$^{204}Pb^+$)、23.6%（$^{206}Pb^+$)、22.6%（$^{207}Pb^+$)、52.3%（$^{208}Pb^+$),实验结果测到的数据与自然界 Pb 的同位素相对丰度值非常接近。

本小节实验实现了对水稻秸秆燃烧烟尘中重金属元素的原位在线探测,在实验中探测到 C、Mg、Ca、Mn、Na、K、N、O、H_α、H_β 等元素。其中 Mn 元素为重金属元素，Mg、Ca、Mn、Na、K 等金属元素随秸秆燃烧烟尘溢出到空气中，N、O、H_α、H_β 元素为空气中的元素。同时还探测到 CN 自由基的分子光谱，再对 CN 分子光谱进行计算拟合得到 CN 的振动温度为 8000 K,转动温度为 7700 K,计算出 CN 分子 $X^2\Sigma^+$ 态在 $0 \leqslant v'' \leqslant 8$ 区间的粒子布居数。制备出含铅的水稻秸秆样品，以 Ca II（393.32 nm）谱线为参考谱线,对其燃烧烟尘进行半定量分析，探测到的 Pb 元素特征峰值强度随着样品中的 Pb 元素浓度的增加而增加,从而实现了对秸秆燃烧烟尘中的重金属 Pb 元素的半定量分析。

利用 SPAMS 技术对原始水稻秸秆燃烧烟尘进行原位在线探测,与 LIBS 相结合，提高了实验数据的准确性，SPAMS 技术的实验结果除了检测到单一重金属元素外，还探测到 C_2H_5、C_3H_6、C_3H_7、C_4H_5 等正离子烃基分子以及 OH^-、CNO^-、NO_2^-、C_2HO^- 等负离子分子化合物。同时对含铅秸秆燃烧烟尘颗粒物进行探测，实验结果表明探测到重金属 Pb 元素的 4 种同位素（$^{204}Pb^+$、$^{206}Pb^+$、$^{207}Pb^+$、$^{208}Pb^+$),计算得到的这 4 种同位素的相对丰度比与自然界 Pb 元素同位素的相对丰度比十分吻合。

3.6　树木焚烧烟尘在线探测

LIBS 的应用显示出显著的适应性，如工业检测[147-149]、环境保护[150]、太空探索[151,152]等。激光诱导等离子体发射的辐射光谱可用于获得特征物理参数，例如温度、电子数密度以及原子和离子数密度。专注于原子发射光谱的早期工作，建立了获取激光诱导等离子体温度的方法。Mullen 和 Am[153]的工作表明，局部热力学平衡使我们能够描述激光诱导等离子体系统。Aragon 和 Aguilera[154]的评论传达了确定等离子体物理参数特性的过程。然而，LIBS 光谱中所包含的信息不仅仅是元素信息，它还可以区分一些分子发射光谱，如 CN 和 C_2[155]。这些分子光谱与原子光谱相结合，提供了大量值得研究的数据。Grégoire 等[156]的研究表明，CN 和 C_2 的发射可以识别化合物。Mousavi 和 Doweidar[157]评估了 N_2 和 O_2 分子浓度对 CN 和 C_2 分子排放的影响。虽然 LIBS 的分子光谱已经被很多研究人员广泛讨论，但等离子体温度相对应的原子发射与分子发射之间的关系却没有被提及。

在本小节中，我们探索树木的燃烧烟尘，使用 LIBS 检测树木燃烧释放的元素。通过计算不同激光能量下 Ca 元素的等离子体温度，得到等离子体温度与外激发温度的线性关系。为利用 LIBS 分析分子发射与原子特征谱线的关系提供了新的视角。

3.6.1　实验装置与样品制备

用于本节的实验装置是在自建 LIBS 系统上进行的。波长为 1064 nm 的近红外激光束由 Q-Switched Nd:YAG 激光器（连续谱；脉冲宽度：8 ns；光束直径：5 mm；重复频率：5 Hz；脉冲能量：180～300 mJ）产生。激光被镜子反射并通过平凸透镜（$f = 150$ mm）聚焦在样品表面，焦点在样品表面上 2 mm 处。激光束在样品上产生的等离子体辐射由光纤直接收集到光谱仪（AvaSpec-ULS2048-4 Channel-usb2.0，Avantes）中，光谱窗口范围为 200～470 nm。光谱仪的光谱分辨率约为 0.1 nm。延迟时间为 1.5 μs，积分时间为 2 ms。光谱仪连接电脑，分析光谱的软件为 AvaLIBS-Specline。

荷花玉兰（*Magnolia grandiflora* L.）作为一种在城市广泛种植的观赏树木被选为实验样品。样品是在城市街道上随机选取的一棵树的树枝，从中间剪下来，这样就可以分析树皮和树心的区别。实验前对分枝没有其他预处理。

3.6.2　树皮与树心元素分布

图 3-37 显示了树皮和树心在 240～450 nm 范围内的激光诱导击穿光谱。这部分实验使用的激光能量为 180 mJ。为了清楚地显示光谱各个元素的特征谱线，将其分为两部分：如图 3-37（a）所示的 240～320 nm 和如图 3-37（b）所示的 320～450 nm。通过上下谱线的对比显示树皮光谱和树心光谱的区别，以更好地分析树木燃烧过程中的各种成分。在图 3-37（a）的树心光谱中，C、Mg 和 Ca 使用 NIST 数据库校准，部分 Mg 和 Ca 被电离为单电荷离子态（Mg II、Ca II）。在树心光谱中获得了 CN 特征发射峰（358.5 nm，$\Delta v = 1$；388.4 nm，$\Delta v = 0$；421.5 nm，$\Delta v = -1$）以及一些 Ca 特征峰和两个非常低强度的锶（Sr）特征峰。观察到树皮中的元素是复杂的，如图 3-37（b）所示，其中主要包含了金属元素。根据之前的报道，树皮会从散布在大气中的灰尘中吸附一些包含金属元素的化合物，可以推测这些在树皮光谱中检测到的与树心光谱不同的金属元素（Fe、Al、Mn）主要来自大气环境。同时，树皮中也探测到了硅（Si），推测源于大气环境中的尘土。在树皮中

观察到 Mn，这是一种重金属，燃烧时会释放到大气中危害大气环境。因此我们认为，使用 LIBS 研究树皮和树心的元素组成可以成为未来检测环境中重金属的有效简单解决方案之一。为避免树皮中元素对结果的影响，等离子体温度研究将以树心中 Ca 离子作为研究对象。CN 自由基分子发射光谱的相关研究也将使用树木内部的光谱作为实验数据。

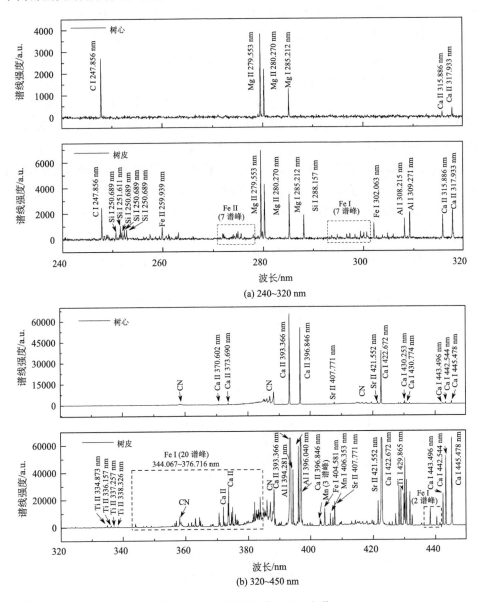

(a) 240~320 nm

(b) 320~450 nm

图 3-37 　树皮和树心的 LIBS 光谱

3.6.3　理论与实验中 CN 自由基的振动群和温度

如图 3-37（b）所示，在 374～389 nm 范围内，有明显的 CN 自由基发射特征峰光谱。由于 CN 自由基主峰的比例在不同温度下是不同的，因此我们可以通过比较 CN 的光谱来实现温度测定。$B^2\Sigma^+ \rightarrow X^2\Sigma^+$ 转变用于 CN 自由基的温度模拟分析。处于上能态的 $B^2\Sigma^+$（$v = 0$）跃迁到低能态 $X^2\Sigma^+$（$v = 0$）在 388.411 nm 处发出最强特征线，标记为（0，0），我们在拟合时设置为参考线。温度可以通过拟合剩余的 CN 自由基发射谱 $B^2\Sigma^+ \rightarrow X^2\Sigma^+$ 在 387.225 nm 处的（1，1）、在 386.254 nm 处的（2，2）、在 385.553 nm 处的（3，3），（4，4）和（5，5）是在设置参考线时在 385.154 nm 处的叠加。由于极高的振动温度，还可以观察到 385.797 nm 处的三个非常小的峰，即 385.797 mm（6，6）、386.511 nm（7，7）和 387.511 nm（8，8）。由于振动布居数随振动温度而变化，因此 CN 自由基的各个特征线在不同温度下具有不同的峰高。如图 3-38 所示，LIFBASE 计算的振动种群与振动温度的关系，种群（$v' = 0$）随温度升高呈下降趋势，种群（$v' = 1$）随温度升高先上升后减小，剩余种群（$2 \leqslant v' \leqslant 8$）随温度增加并趋于稳定值。CN 从（2，2）到（8，8）的特定振动跃迁的发射呈现相似的趋势，而（0，0）和（1，1）的振动跃迁具有特定的趋势。一旦确定了振动跃迁的所有 CN 发射谱，就可以获得振动温度。

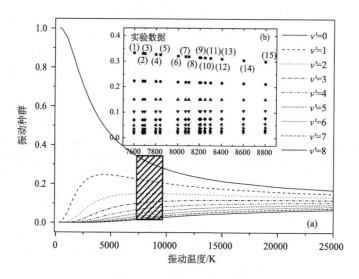

图 3-38　振动温度与振动种群的关系

（a）理论数据；（b）实验数据

通过在 180～292 mJ 范围内每次增加 8 mJ 激光能量，实验得到 15 种不同温度的 CN 自由基。CN 自由基的温度可以通过实验振动种群与计算振动种群的比较得到，如图 3-39 所示，实验数据的趋势与计算数据相同，说明了方法的可行性和有效性。因此，通过用实验数据和模拟光谱拟合 CN 发射特征峰的强度，可以得到 CN 振动温度。如图 3-39 所示，在 292 mJ 激光能量下，实验 CN 特征峰从（0,0）到（8,8）的强度与模拟的 8800K CN 的振动温度完全匹配。这样，我们就可以快速确定 CN 自由基的温度。

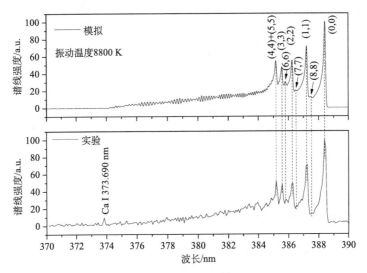

图 3-39　CN 自由基 $B^2\Sigma^+ \rightarrow X^2\Sigma^+$ 8800 K 温度模拟

3.6.4　Ca 元素的温度

LIBS 定量分析的理论基础是特征线的强度，但其前提是与待测样品中元素的浓度呈线性关系，并且需要具备等离子体区域满足 LTE 的条件[158]。因此需要通过实验确定等离子体处于 LTE 状态后才能进行定量分析验证。目前使用的方法是首先计算等离子体的温度和电子密度，然后使用 McWhirter 标准来判断等离子体是否处于 LTE 状态。

选取实验中 Ca 元素的等离子体温度作为树木燃烧时等离子体温度的参考值。由于较高的自吸收，这里没有采用 393 nm 和 396 nm 附近的强 Ca II 谱线。光谱中 Ca 元素的另外 5 条特征谱线（Ca II 315.886 nm、Ca II 317.993 nm、Ca I 422.672 nm、Ca I 442.544 nm、Ca I 445.478 nm）的波长和强度 I_{ij} 被用于等离子体温度计算。A_{ij}、g_k 和 E 在 NIST 中得到，斜率可以通过线性回归得到。不同激光能量下等离子体的温度如表 3-3 所示。

表 3-3　不同激光能量下 CN 振动温度和 Ca 等离子体温度

激光能量/mJ	CN 振动温度/K	Ca 等离子体温度/K
180	7600	8619
188	7700	7728
196	7800	6038
204	7800	7402
212	8000	8470
220	8100	7966
228	8100	7472
236	8200	9423
244	8200	11189
252	8300	8673
260	8300	9712
268	8400	9837
276	8400	11244
284	8600	10251
292	8800	8770

通过将激光能量范围从 180 mJ 增加到 292 mJ，每次变化为 8 mJ，Ca 等离子体的温度趋于线性增加。与 CN 的振动温度相比，从图 3-40 可以看出，在 180～228 mJ 的激光能量范围内，Ca 等离子体温度与 CN 振动温度比较接近。但随着激光能量的增加，Ca 等离子体温度显著升高，Ca 等离子体温度的变化与激光能量的关系更为密切。关于激光能量对等离子体温度的影响，已经进行了类似的观察[159,160]。本书通过使用更强的激光能量扩展了他们的研究数据。可以推断出，Ca 等离子体温度可以真实地反映激光诱导的外部激发温度。CN 自由基的振动温度随激光能量变化不大，较为稳定。可以推测，CN 自由基的产生来自空气中的 C 与 N_2 反应。这个过程会消耗一些能量，导致 CN 自由基的整体振动温度低于激光能量。Ca 等离子体的温度虽然更接近待测的外界激发温度，但其波动大于 CN 振动温度，不具有稳定性。当需要多点或多次测量等离子体温度时，等离子体温度的不稳定性会造成误差。CN 振动温度可作为补充参考。

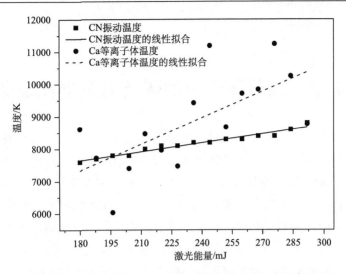

图 3-40　CN 振动温度和 Ca 等离子体温度随激光能量的变化

第 4 章　大气环境中的碳及同位素在线探测

碳是一种常见的基本元素，以多种形式广泛分布于大气、岩石圈和所有生物体中。自被发现以来，碳及其化合物在人们的生活和工业化进程中发挥了重要作用[161]。例如，碳水化合物是所有生物体维持生命的主要能量来源；多年来，油气等碳氢化合物已成为最重要的能源，并在两次工业革命中发挥了重要作用。然而，碳及其化合物的巨大开发和广泛使用，产生了大量的二氧化碳等多种温室气体，给全球环境造成了很大的问题[162]。二氧化碳等气体释放后，可以参与全球碳循环，碳循环影响人类和其他生物生存环境的稳定性。自 20 世纪 70 年代以来[163]，二氧化碳浓度的迅速升高引发了包括全球变暖在内的一系列问题，严重破坏了全球农业和生态系统。 因此，碳循环引起了研究人员的极大关注，成为最热门的研究课题之一[164,165]。追踪全球碳循环的常用方法是同位素技术，而碳同位素的检测几乎都是基于质谱法的[166]。然而，质谱分析通常需要复杂的样品和太多的时间。此外，质谱仪通常过于昂贵，无法广泛应用于碳循环的研究。因此，寻求一种廉价、快速的碳同位素检测方法来替代质谱法具有重要意义。

LIBS 已被证明是一种适用于煤、矿物、土壤、植物等元素分析的方法[167-170]。近年来，基于前人的研究，LIBS 在环境监测、煤炭分析、食品检测和空间探索等领域发挥着越来越重要的作用。与电感耦合等离子体原子发射光谱法（ICP-MS）、原子吸收光谱法（AAS）、原子荧光光谱法（AFS）、X 射线荧光法（XRF）等传统分析方法相比，LIBS 具有许多独特的优势，如适用性广、响应快速准确、同时分析和多元素分析、高灵敏度、高成本效益和具有遥感能力[86,171,172]。

此外，LIBS 不仅限于原子发射光谱，还可以应用于分子光谱。此外，原子和分子光谱的结合促进了 LIBS 在众多领域的应用。例如，同位素光谱仪（LAMIS）近年来备受关注[173]。Zhu 等[174]以硼和碳同位素为例，使用激光诱导击穿光谱-激光诱导自由基荧光（LIBS-LIRF）对分子发射进行同位素测定。Richard 等[173]使用通过 LAMIS 方法获得的 CN 和 C_2 光谱研究了煤和石墨样品中碳同位素的测定。

然而，据我们所知，用碳同位素在线检测气态 CO_2 的研究问题从未得到解决。大气中的气态 CO_2 在全球碳循环中起着至关重要的作用。因此，在本章节中，LIBS 被应用于使用 CN 分子光谱在线检测气态 CO_2 和碳同位素，这可能是一种很有前景的追踪大气中碳循环的方法。

4.1　呼和吸规律下的碳浓度变化探测

　　为了研究大气中碳浓度的变化，通过呼吸产生的气体改变空气中碳的浓度，并利用 LIBS 开展在线检测，得到存在呼吸活动时连续检测的空气光谱。同时，也对不存在呼吸活动的空气开展连续检测。根据对空气和呼气光谱的比较结果，选取光谱中 C 在 247.8 nm 处的原子发射谱线和 CN 分子 $\Delta v = 0$ 时的发射带作为空气中碳浓度变化的参考对象。

　　首先将每个光谱按最大值进行归一化，以使其中相同谱线的强度具有可比性。根据连续采集的光谱中 C 特征峰（C I 247.8 nm）的强度绘制曲线，如图 4-1 所示。结果显示，空气中的 C 相对稳定，其归一化强度在很小的范围内波动；而存在呼吸活动时，C 的特征峰强度却存在明显的波动。人的呼吸分为呼气和吸气两个过程，只有实验者呼出气体才可能导致激光焦点附近碳浓度发生变化。当实验人员吸气时，没有呼出的气体到达焦点，上一次呼出的气体在环境中自由扩散，激光焦点附近的空气将很快恢复到原始状态。图中的灰色和黑色直线分别表示两种情况下 C 特征峰归一化强度的平均值，存在呼吸活动时的平均强度明显更大，因此基于这种分析方法可以检测到大气中碳浓度的变化。

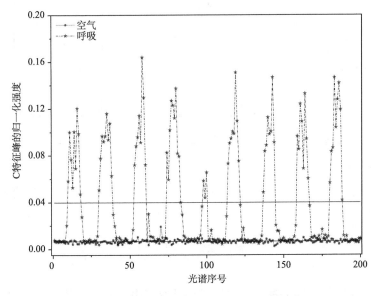

图 4-1　光谱强度归一化后 C 特征峰强度的变化

　　此外，根据光谱仪信号采集的频率和 C 特征峰归一化强度曲线中极值出现的频率可以估计人的呼吸频率。以图 4-1 为例，200 个光谱样本中出现了大约 9 个极值，这表明在连续采集 200 个光谱期间出现了 9 个呼吸事件。实验中激光器以 10 Hz 的频率工作，每个光谱采集大约花费 0.1 s。因此，在这次测量过程中，每次呼吸大约 2.2 s。

是否能清楚地观察到 CN 分子的发射带也是空气和呼气光谱之间的差异之一，尤其是 $\Delta\nu = 0$ 的分子带。但是，不能通过特征峰的归一化强度直接描述分子谱带。考虑到检测结果中 CN 分子的发射带越明显，其归一化后强度的标准偏差 σ 越大，故以此作为衡量空气中碳浓度的标准。根据实验结果计算出了每个光谱中 376.7～388.5 nm 之间区域归一化强度的标准偏差（σ），并据此分别绘制了空气和存在呼吸活动时的变化曲线，如图 4-2 所示。可以发现，出现极值的位置基本上和图 4-1 中保持一致。由于空气的第 70 个光谱的信噪比相对差，所以其 σ 较大，这说明光谱的信噪比在这种分析方法下可能对结果造成较大的干扰。

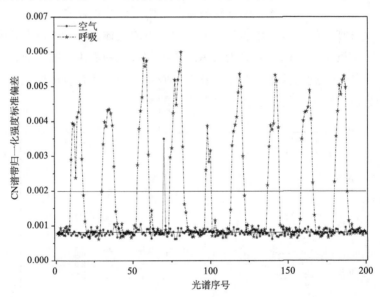

图 4-2　光谱强度归一化后 CN 分子带（376.7～388.5 nm）的强度标准偏差

4.2　大气碳成分含量变化在线探测

以呼吸探测的实验为参照，后续以局域空气中 C 浓度的变化为例开展研究。在实验室中搭建了局域空气探测的装置，并以此为基础展开了后续的研究。本节中对于碳成分含量变化的研究以蜡烛的燃烧来开展，实验中将蜡烛置于搭建好的局域空气探测装置中进行燃烧，并且在实验过程中始终保证消耗的氧气比进入的氧气多，氧气含量是单调递减的，能够满足研究的要求，同时实验中采用 LIBS 测量 C 等元素的含量以及变化情况。

　　在实验准备过程中测量出实验选用的蜡烛在密闭装置内燃烧 11 min 左右会熄灭，所以选取 40 s 作为测量的时间间隔。将实验结果得到的谱线进行分析，对 C 元素在波长 247.77 nm 处不同时间的谱线强度进行线性拟合，得到了如图 4-3 所示的结果。其中点为实验测量所得到的数据，横坐标代表燃烧的时间，以秒为单位，纵坐标代表该波长处的谱线强度，直线为拟合得到的线性函数，该拟合的拟合优度即 R^2 为 0.98359，非常接近 1，表明拟合程度非常好，也由此线性关系表明 LIBS 对于燃烧过程中 C 含量的变化可以做到实时地监测。

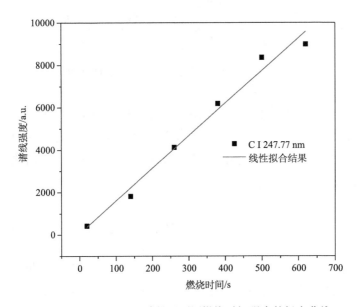

图 4-3　C I 247.77 nm 波长处不同燃烧时间强度的拟合曲线

　　除了对 C（C I 247.77 nm）随燃烧时间的变化进行探测之外，还对 CN 的含量进行了实时探测，得到的结果如图 4-4 所示。图中的 x 轴为波长，y 轴为燃烧时间，z 轴为谱线强度，图 4-4 所表示的是不同燃烧时间，320～470 nm 波长范围内的谱线强度的变化，由图可知，CN 谱线的强度随着时间在变大，表明随着燃烧过程的进行，局域空间内 CN 的浓度在逐渐升高。

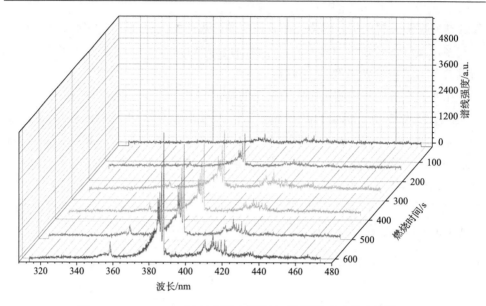

图 4-4　320~470 nm 波长范围内随燃烧时间谱线强度的变化情况

借助 LIBS，整个燃烧过程中不论是 C 的变化情况还是 CN 的变化情况都以非常直观的形式呈现出来，对于 C 的监测有着很大的帮助，通过较为简便的方式就能得到较为准确的一个完整过程的探测，为更多领域中关于 C 的监测提供了一个非常优质的解决方案。

4.3　基于激光在线探测的碳同位素探测研究

本节将基于 LIBS 的同位素光谱技术应用于碳同位素在线检测和大气碳循环研究。首先选取木材、纸张和煤炭作为靶材，利用激光烧蚀产生等离子体，采集到其中的 CN 自由基辐射光谱，并系统阐述其分子光谱形成机制。再利用该系统直接探测气态的 $^{12}CO_2$ 和 $^{13}CO_2$ 样品，对比分析 ^{12}CN 与 ^{13}CN 两种分子光谱发现，$B^2\Sigma^+ \rightarrow X^2\Sigma^+ (\Delta v = 1)$ 振动跃迁谱带红移约 0.6 nm，而 $B^2\Sigma^+ \rightarrow X^2\Sigma^+ (\Delta v = -1)$ 振动谱带则蓝移约 0.8 nm。然后基于 DFT 理论计算，采用 B3PW91/6-31+G（d）基组得到了 CN 分子光谱同位素位移对应能量差，计算结果与实验值基本吻合。之后，以同样的方法计算了所有六种不同碳氮同位素组合的 CN 分子光谱的同位素波长偏移。

4.3.1　CN 分子光谱形成机理

众所周知，碳元素主要以二氧化碳的形式存在于大气碳库中，其在全球碳循环中也扮演着至关重要的角色[1]。因此许多学者也将大气中的二氧化碳浓度视为大气碳含量的重要指标之一，通过探测分析二氧化碳来追踪大气中的碳循环。

在这一部分中，以木材、煤炭和纸张作为碳源，利用 LIBS 在线探测它们燃烧产生的气溶胶中的二氧化碳。首先，使用连续激光点燃碳源样品以产生二氧化碳，然后将激光脉冲直接聚焦于燃烧产生的烟雾气溶胶上，并通过光谱仪获得等离子体发射光谱。为了使 LIBS 探测实验能够持续进行，在实验中不断改变激光焦点位置，以使激光能够持续烧蚀不同点的位置样品。实验采集的木材、煤炭和纸张燃烧的 LIBS 光谱如图 4-5 所示。不难看出，在每种样品的 LIBS 光谱中都存在CN 自由基分子光谱，尤其是在木材燃烧产生的气溶胶的 LIBS 光谱中明显观察到了由不同的振动跃迁方式（$\Delta v = 0$，± 1）产生的三个 CN 自由基分子谱带。

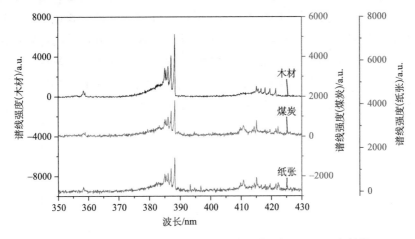

图 4-5　木材、煤炭和纸张燃烧气溶胶光谱中的 CN 分子发射带

等离子体中 CN 自由基分子主要源于样品等离子体中的碳原子与周围大气中氮原子的结合，如图 4-6 所示。在燃烧气溶胶中，样品中的碳元素几乎都以二氧化碳分子的形式存在，因而等离子体中 CN 自由基很可能是由二氧化碳与氮反应产生的。因此，CN 自由基分子光谱可以作为 LIBS 在线探测分析空气中二氧化碳的依据之一。尽管碳元素原子特征谱线（C I 247.9 nm）也可以用以分析大气中的二氧化碳成分，但却无法以此对碳元素的同位素进行探测与分辨。碳元素主要有两种同位素（^{12}C 与 ^{13}C），其丰度信息对于大气碳循环与大气污染物溯源而言意义重大。

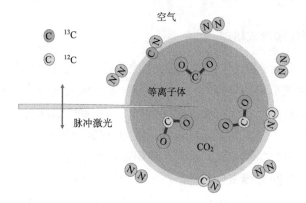

图 4-6　激光诱导 CN 自由基分子光谱形成机制

4.3.2　分子光谱同位素效应

　　针对碳同位素的探测，特别是大气碳同位素的在线探测问题，本部分将根据 CN 自由基分子辐射光谱开展相关研究。由于分子辐射光的波长是由跃迁上下能级之间的能隙决定的。对于具有不同碳同位素的 CN 自由基，其约合质量也将发生变化，进而会导致跃迁能级和分子谱线波长的变化。首先，选取普通 ^{12}C 丰度的尿素样品与 ^{13}C 丰度的尿素样品，并对两种尿素样品分别进行了 LIBS 探测实验。通过光谱仪分别采集其分子辐射光谱，结果如图 4-7～图 4-9 所示。

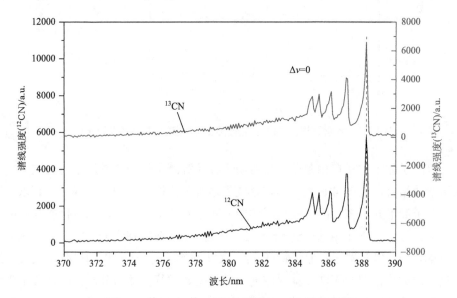

图 4-7　^{12}CN 与 ^{13}CN 分子光谱 ($\Delta v = 0$) 谱带光谱

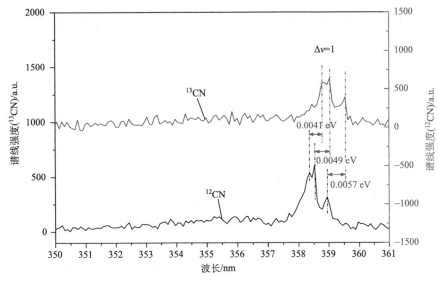

图 4-8　^{12}CN 与 ^{13}CN 分子光谱 ($\Delta v=1$) 谱带光谱

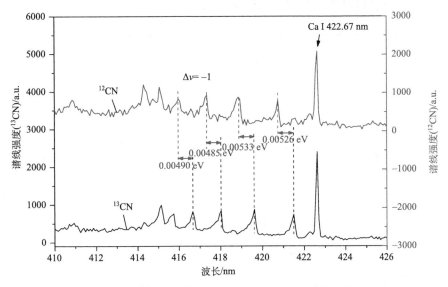

图 4-9　^{12}CN 与 ^{13}CN 分子光谱 ($\Delta v=-1$) 谱带光谱

　　从图中可以看出，对于振动量子数的变化 Δv 等于零的谱带（$\Delta v=0$），其波长几乎没有发生变化，而随着振动量子数的变化 Δv 不为零（$\Delta v=\pm1$）的谱带产生相应的波长移动。具体来说，在（$\Delta v=1$）谱带中，对应于 $B^2\Sigma^+$（$v=1$）$\rightarrow X^2\Sigma^+$（$v=0$）（$\Delta v=1$）跃迁方式的谱线波长红移约 0.6 nm，而在（$\Delta v=-1$）谱带中对应于 $B^2\Sigma^+$（$v=0$）$\rightarrow X^2\Sigma^+$（$v=1$）（$\Delta v=-1$）跃迁方式的谱线波长蓝移约 0.8 nm。

　　对于 CN 分子辐射带中的主要谱线，根据实验结果分别计算其波长位移及对应能量变化，并标记在图4-8与图4-9中。计算结果表明，（$\Delta v = 1$）谱带和（$\Delta v = -1$）谱带对应跃迁方式的最大能量变化值分别为 0.0057 eV 和 0.00533 eV。而且通过横向比较各段谱带中每条谱线的波长位移与能量变化 ΔE 可发现，随着振动量子数的增大，谱线波长位移与能量变化 ΔE 都逐渐减小，这是由于其振动能级具有非谐性。随着振动量子数的增加，相邻分子振动能级的间隔和相应的能量差都逐渐减小。

　　上述碳同位素的探测工作是基于固体尿素样品开展的，为了验证 LIBS 对于大气碳同位素在线探测能力，利用 ^{13}C 丰度的 CO_2 气体样品作为研究对象，进行 LIBS 直接探测实验，获得了 ^{13}CN 自由基分子的辐射光谱，如图 4-10 所示。作为对比，以人呼吸产生的 CO_2 作为 ^{12}C 丰度的 CO_2 气体样品，并在同样的条件下获得其 LIBS 光谱，并与 $^{13}CO_2$ 样品中的 CN 分子谱线进行对比。由图 4-10 可以看出，其CN分子谱线的同位素位移与尿素样品的结果完全相同，这也说明利用LIBS可以对 CO_2 气体样品直接开展碳同位素的探测工作。

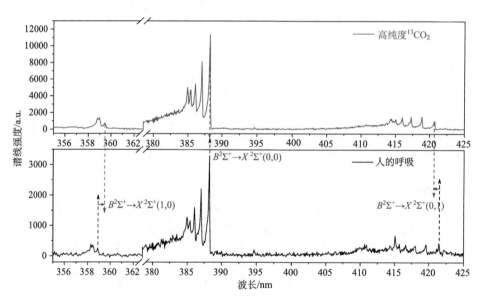

图 4-10　$^{12}CO_2$ 和 $^{13}CO_2$ 气体样品光谱中 CN 自由基分子光谱带

4.3.3　同位素分子光谱计算

　　为了从理论层面验证上述实验结果，为分析提供理论依据，本部分将基于 DFT 理论对 CN 自由基分子光谱中的同位素位移进行计算。CN 自由基分子能级

和 $B^2\Sigma^+ \to X^2\Sigma^+[(1,1),(1,0)]$ 两种跃迁方式的振动能级示意图如图 4-11 所示，其跃迁能级差可以表示为

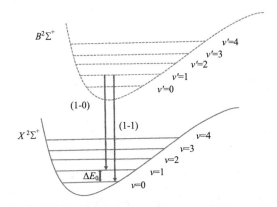

图 4-11　CN 自由基振动跃迁能级图（v 为振动量子数）

$$\Delta E_{(1,0)} = \Delta E_{(1,1)} + \Delta E_0 \tag{4-1}$$

式中，$\Delta E_{(1,0)}$ 与 $\Delta E_{(1,1)}$ 分别为 $B^2\Sigma^+ \to X^2\Sigma^+(1,0)$ 和 $B^2\Sigma^+ \to X^2\Sigma^+(1,1)$ 两种跃迁方式的上下能级差，对于 ^{13}CN 自由基分子，式（4-1）可改写为

$$\Delta E'_{(1,0)} = \Delta E'_{(1,1)} + \Delta E'_0 \tag{4-2}$$

分子约合质量的变化可能引起分子振动能级的能隙 ΔE_0 的增加，然而约合质量对于电子能级几乎没有影响[175]，$\Delta E_{(1,1)}$ 可视为常数。因此，$B^2\Sigma^+ \to X^2\Sigma^+(1,0)$ 跃迁谱线的能量差 ΔE 可以表示为

$$\Delta E = \Delta E'_{(1,0)} - \Delta E_{(1,0)} = \Delta E'_0 - \Delta E_0 = h v'_0 - h v_0 \tag{4-3}$$

根据式（4-3），只需要计算两种 CN 自由基分子的基态的振动频率 v_0，就能够得到其同位素位移值。

首先在 GaussView 5.0 中分别构建 ^{12}CN 和 ^{13}CN 分子，然后以 B3PW91/6-31+G(d)基组进行 CN 分子基态振动频率和分子谱线对于跃迁能量变化的计算。理论计算的结果以及实验结果如表 4-1 所示。通过比较可以发现，^{12}C 与 ^{13}C 丰度的 CN 自由基分子光谱对应跃迁的能量变化理论值约为 0.0057 eV，与实验值基本一致，很好地验证了我们的实验结果，为其大气同位素的探测提供了重要的理论支撑。

自然界中共存在三种碳同位素，除了上述的 ^{12}C 与 ^{13}C 同位素，还有 ^{14}C 同位素，其丰度远远低于 ^{12}C 与 ^{13}C 同位素。^{14}C 原子同样能够与氮原子结合形成 ^{14}CN 自由基分子。此外，氮元素还具有两个同位素（^{14}N 与 ^{15}N）。因此，碳原子与氮原子的结合总共能够形成六种不同的 CN 自由基。

表 4-1　基态的振动频率及其对应的跃迁能级差　　　（单位：eV）

项目	ν_0（^{12}CN）	ν_0'（^{13}CN）	ΔE
计算值	0.2688	0.2631	0.0057
项目	ν_1（^{12}CN）	ν_1'（^{13}CN）	ΔE
实验值（1,0）	3.4570	3.4512	0.0058
实验值（0,1）	2.9415	2.9468	−0.0053

注：ν_0 为理论计算的振动频率，ν_1 为实验所得的振动频率。

为了深入探究不同碳或氮同位素的同位素效应，我们同样使用 B3PW91/6-31+G(d)基组对六种不同 CN 自由基分子光谱的同位素位移进行了理论计算。以 $B^2\Sigma^+ \rightarrow X^2\Sigma^+$(1,0)跃迁光谱线为例，计算出每种情况下的波长及其位移，结果如表 4-2 所示。可以看出，随着分子约合质量的增加，该谱线将发生不同程度的红移。此外，计算结果还表明，碳同位素的质量变化对波长位移的影响程度更大。这是由于 CN 自由基是双原子分子，其振动频率几乎完全取决于 CN 分子的约合质量，并且由于碳元素的原子质量小于氮元素的原子质量，其同位素原子质量变化对于 CN 分子的约合质量影响更大。因此，相较于氮同位素，碳同位素对于 CN 分子的谱线位移有着更大的影响。总结来说，对于双原子分子，元素的原子质量越小，其质量变化对该分子谱线的同位素位移的影响越大[173]。同位素光谱的计算结果将为后续分子同位素光谱的研究提供理论依据，并且该计算方法也可以扩展到氧、硼等其他轻元素的同位素光谱研究中。

分子同位素光谱的应用并不只限于大气中的二氧化碳和碳循环的探测研究，^{13}C 和 ^{14}C 同位素常被用于医学中的幽门螺杆菌呼气检测[176]。此外，^{14}C 同位素具有放射性，它也经常被用于碳定年法中，以确定生物体的年代[177]。在氮同位素方面，它被广泛应用于物理、地球化学和环境污染的研究[178,179]。例如，^{15}N 同位素可用于湖泊和水库地区的硝酸盐来源及转化方式研究[180]。总的来说，分子同位素光谱是一种极具前景的同位素在线探测方法，在物理、化学、地球科学和许多其他领域中正发挥着越来越重要的作用。

表 4-2　CN 自由基分子 $B^2\Sigma^+ \rightarrow X^2\Sigma^+$ (1,0)跃迁辐射谱线波长理论计算值

	δ^{12}C	δ^{13}C	δ^{14}C
δ^{14}N	358.95（0.00）	359.54（0.59）	360.05（1.10）
δ^{15}N	359.38（0.43）	359.98（1.03）	360.50（1.55）

注：括号内为波长位移 $\Delta\lambda$，单位为 nm。

第 5 章　大气污染的溯源

计算机的普及和与之相关的人工智能技术的发展为光谱检测技术在大气环境污染上的应用带来了契机。传统的光谱检测分析往往依靠专业人员对光谱结果进行人工分析和处理以提取信息，而在大气环境污染检测的过程中往往涉及大量数据处理，借助计算机编程解决问题无疑效率更高。进一步地，基于机器学习算法利用大量光谱经验数据训练模型，可以进行自动分类识别、污染溯源等，实现光谱检测的"智能化"。

机器学习是使用经验（数据）改善性能或进行预测的计算方法[181,182]。借助机器学习可以利用不同样品的光谱数据训练分类模型，当从这些样品中产生一个新的光谱数据时，模型能够根据新的光谱提供样品种类的信息。本章主要涉及主成分分析（PCA）、支持向量机（support vector machine, SVM）和 BP 人工神经网络（BP-ANN）三种模型算法。作为一种无监督学习方法，PCA[183,184]通过线性变换将原始变量转化为新的正交变量，可用于降维和多元数据分析等；后两者都属于有监督学习。SVM[185]基于特征空间中具有最大间隔的线性分类器，引入核函数后可成为非线性分类器。BP-ANN[186,187]是根据误差反向传播算法训练的多层前馈神经网络，包括输入层、隐含层和输出层。隐含层可有多个，其层数一般需要根据数据量的大小进行选取，在数据量不是特别大时，可以仅设置一层隐含层；隐含层的神经元个数要根据模型训练的结果进行优化。图 5-1 为单隐含层 BP 神经网络模型的示意图。

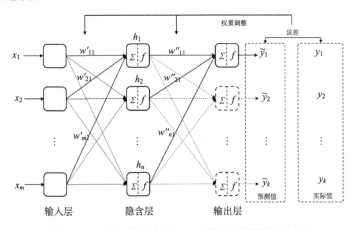

图 5-1　三层（单隐含层）BP 神经网络模型示意图

溯源在本书中指识别空气中的不同污染物，这些污染物可被视为来自特定的产生源或排放源。不同污染物的元素组成和性质存在差异，在脉冲激光作用下产生的等离子体发射光谱也会有所不同，这可以被看作不同样品的特征信息。图 5-2 为基于 LIBS 和 BP-ANN 建立的大气污染物溯源流程。基于 LIBS 对大气污染物进行在线检测，获得其等离子体发射光谱。进一步，根据不同对象的等离子体发射光谱提取其特征数据，并为训练集的每个样本设置标记。模型经过训练、测试和优化后成为大气污染物溯源模型。通过 LIBS 可以对不同大气污染物进行在线检测，快速获得其特征数据，作为模型的输入即可进行快速识别，实现大气污染物的在线溯源。

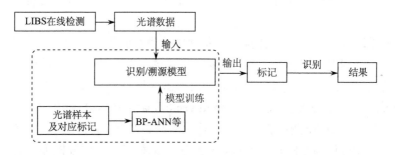

图 5-2　基于 LIBS 和 BP-ANN 建立的大气污染物溯源流程

本章共分为三节，5.1 节基于 LIBS 和机器学习算法对室内环境中空气、人类呼气和燃烧产生的不同烟进行研究；5.2 节则在 LIBS 探测的基础上进一步引入了 SPAMS 技术，结合 PCA 对藏香和庙宇香等的烟尘进行探测和溯源；5.3 节则将 LIBS 和机器学习的方法应用在煤烟烟尘污染溯源的研究上面。

5.1　室内人类呼气和燃烧产生的不同烟的溯源

空气对于生物的生存必不可少，其各种成分相对稳定。但是，受到生物活动、废气排放等影响，空气的成分可能变化。室外的空气流动有利于缩短变化的持续时间；由于封闭性和通风不良[188]，室内空气成分的改变往往持续较长时间。考虑到当今大多数人在室内长时间生活工作，室内的空气质量需要更多关注[189]。本节利用 LIBS 在室内环境中对空气、人类呼气和纸张、香烟、蚊香燃烧产生烟进行实时原位检测，并进一步结合机器学习，对导致空气成分变化的不同烟进行溯源探索[92]，在环境监测和大气气溶胶诊断中具有一定参考价值。

5.1.1 实验装置

LIBS 检测装置如图 5-3 所示，由 Nd: YAG 脉冲激光器、光路调整与脉冲聚焦系统、多通道光谱仪、时序控制器和计算机等组成。激光器输出脉冲的中心波长为 1064 nm，脉宽 6 ns，能量约 260 mJ，工作频率为 10 Hz。燃烧产生的烟在激光作用下形成等离子体，其辐射信号由透镜耦合进光纤，并传输到一台内置 CCD 的多通道光谱仪中进行分光和光谱采集。光谱仪的探测范围为 200～890 nm，分辨率在 0.1 nm 左右，积分时间和光谱信号采集的延迟时间经优化分别被设置为 2 ms 和 6 μs。

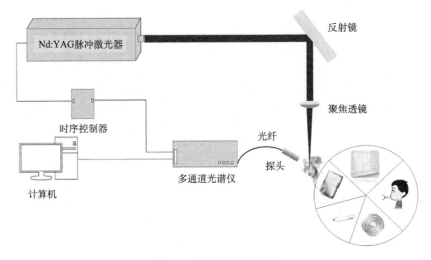

图 5-3 实验装置示意图

5.1.2 光谱采集与预处理

实验中，探头和激光焦点的相对位置经优化后保持不变。空气光谱由对脉冲激光击穿空气后产生的等离子体辐射进行延时收集得到；呼气光谱是实验者通过导管呼吸产生气体的信号；对于燃烧烟雾，将点燃的不同样品（A4 白纸、香烟和檀香型蚊香为例）放在低于激光焦点一定距离的位置，烟扩散到焦点附近被击穿后即可收集到其光谱。其中，在检测呼气和燃烧产生烟的过程中，空气光谱也会被采集到，需要进行处理以提高采样率。

研究发现，空气和噪声光谱（包括信噪比极差的结果）在特定波段内的强度数据按最大值归一化后，其均值等特征在一个范围内稳定，且与其他信号不同。

因此，对呼气和烟雾的原始光谱数据进行清洗，从中去掉空气和信噪比差的光谱样本，选择有代表性的一般光谱作为研究对象，并从中进一步选择信号最好的数据作为典型光谱。对 LIBS 典型光谱、一般光谱或原始光谱分别进行研究，保持实际检测情形的同时可使相应工作更有针对性。

5.1.3　空气和人类的呼气

利用 LIBS 对空气中的元素进行了检测，同时采集了人类呼吸产生气体的等离子体发射光谱，以进行比较，如图 5-4 所示。其中，相关谱线是通过参考 NIST 数据库[95]和一些研究[113,114]进行识别和标定的，文中所有相关的光谱中标记的波长均是实际检测值。

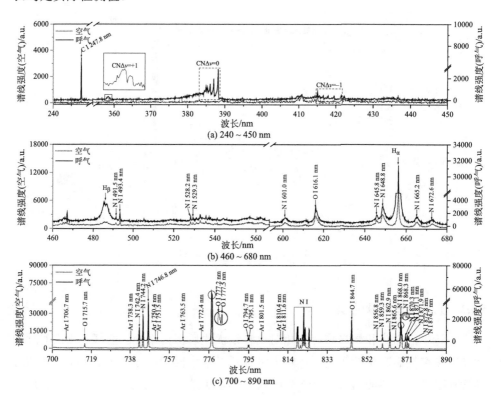

图 5-4　空气和人类呼气的等离子体发射光谱

在空气光谱中，N、O 和 H 的光谱线占主导地位。其中，N 和 O 的部分特征峰相对强度较高，一定程度上可以反映空气中这些元素的含量较高。众所周知，空气主要是由 N_2、O_2、CO_2、稀有气体和其他物质（如水蒸气）组成的混合物。

因此，LIBS 检测的结果与空气的实际组成比较一致。N 的特征峰主要出现在光谱仪第四通道的三个波长范围内：742~747 nm、810~825 nm 和 856~875 nm。O 在 777.2 nm 和 777.5 nm 处的特征峰相对强度都很高，通常以重叠峰的形式出现，在当前分辨率下不易区分，并可能由于信号过饱和而形成一个平坦的信号峰。H_α 特征峰的相对强度明显高于 H_β 的特征峰。此外，在空气中还观察到了 Ar 的原子发射谱线，局部放大的光谱如图 5-5 所示。空气的光谱中 C 特征峰的相对强度较低，一般也很难观察到明显的 CN 分子的发射谱带。

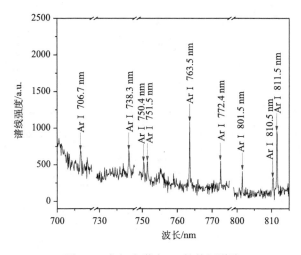

图 5-5　空气光谱中 Ar 的特征谱线

与空气相比，呼气的等离子体发射光谱中元素几乎没有变化，区别在于呼气光谱中可以明显观察到 C 的特征峰和 CN 的分子带；而且，H 的两个特征峰的相对强度更高，H_β 的特征谱线更加明显。当人呼吸时，呼出的气体中含有更多的 CO_2 和水蒸气，这造成了对空气和呼气进行检测得到结果的差异。当然，当空气的湿度改变或区域改变时，C 和 H 特征峰相对强度的差异可能减小。

5.1.4 三种物质燃烧产生的烟

以纸张、蚊香和香烟燃烧产生的三种烟为例，基于 LIBS 进行在线检测。为了观察烟产生前后空气中元素的变化，将空气和纸张燃烧后产生烟的等离子体发射光谱放在一起比较，即图 5-6 所示的双 Y 轴图。与空气的光谱相比，纸张燃烧产生烟的光谱中会出现如 Ca、Mg、Na 和 K 等金属元素的发射谱线。其中，Ca 被激发的特征谱线数量很多，多通道光谱仪的四个通道上基本都能检测到它的不同相对强度的原子或离子发射谱线。对于 K，则仅在第四通道上检测到两条原子谱线。此外，C 的特征峰和 CN 分子的谱带也具有更高的信号强度，这是由于纸张燃烧时 CO_2 浓度的增加，或是焦点附近的烟中存在包含有机碳的不完全燃烧颗粒。

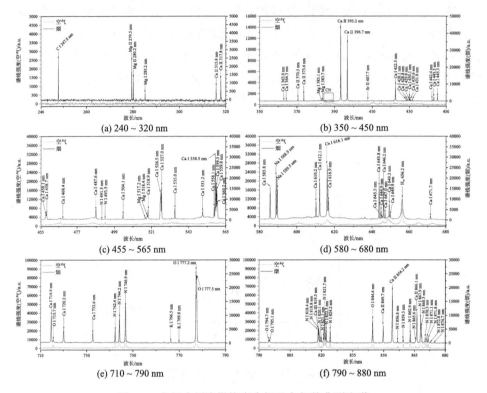

图 5-6　空气中纸张燃烧产生烟及空气的典型光谱

蚊香和香烟燃烧产生烟的典型光谱与纸张比较类似，也都出现了 Ca、Mg、Na 和 K 的特征谱线，而在空气中一般不会直接检测到这些金属元素。同时，C 在 247.8 nm 处的发射谱线和 CN 分子的谱带都能被清楚观察到。不同的是，K 的特征谱线相对强度一般高于纸张，说明纸张中 K 含量可能低于香烟和蚊香。在蚊香和香烟燃烧产生的烟中，Fe 也被检测到，而纸张燃烧产生烟雾光谱中没有观察到 Fe 的特征谱线。

一般情况下，燃烧产生的烟中元素分布不均匀，空气流动也会造成其空间浓度分布不断变化。因此，通过 LIBS 对大气环境中的烟进行在线检测（即连续采集光谱）的结果相比于上述典型光谱存在较多变化，也可能仅检测到空气的光谱，采样率往往很低[190]。通过数据处理，可以剔除激光未击中烟时产生的空气光谱以及一些信噪比差的检测结果，得到烟的一般光谱。根据空气和呼吸光谱中 C 元素特征峰的强度变化,可以推断 LIBS 在检测中的稳定性和灵敏度较高。此外,10 Hz 的光谱采样频率能够保证设备具有一定的时间分辨率,可以反映被检测对象的变化情况。这里根据检测结果中一些金属元素、C 以及 CN 分子光谱信号的强度设置阈值,从每种样品燃烧产生烟的原始光谱数据中各筛选了 300 个一般光谱进行进一步分析。

燃烧过程中一般会产生更多的 CO_2,因此,检测到的光谱中 C 的特征峰和 CN 分子带的信号会变得明显,类似于呼吸产生气体的光谱。不完全燃烧则会产生大小不同的颗粒,这是燃烧产生烟的主要成分之一。如果激光焦点附近的颗粒聚集程度较大,或者出现一些较大的不完全燃烧产物,那么采集到的光谱基本上取决于它们的组成。当然,更多的是不同浓度的烟和空气混合物的发射光谱。同一样品燃烧产生烟的光谱中,光谱线的相对强度和数量也会有很大差异,主要是因为样品的燃烧程度和烟的自由扩散运动对激光焦点附近某些元素浓度的影响有时较大,这些会影响在大气环境中直接对烟雾进行光谱检测和分析,并可能会干扰不同烟的分类和溯源效果。

5.1.5　烟的等离子体中的 CN 自由基

三种烟的光谱中都出现了 CN 分子的发射带,这也能够作为溯源的特征。在含碳物质的燃烧过程中,可能会产生 CN 自由基,其主要形成机理[12]如下:

$$C + N \longrightarrow CN \tag{5-1}$$

$$C + N_2 \longrightarrow CN + N \tag{5-2}$$

$$C_2 + N_2 \longrightarrow 2CN \tag{5-3}$$

在某些情况下,C 原子和离子会复合成 C_2,然后与空气中的 N_2 结合形成 CN 分子发射带。然而,如图 5-6(b)和(c)所示,光谱中不存在 C_2 发射带(约 516.5 nm 处)和 C 的离子谱线(约 426.7 nm 处)。因此,在这种情况下,CN 分子的发射带可能是由 CO_2 或有机分子中的 C 与空气中的 N 直接反应产生的[87]。

图 5-7 中上图所示的是在纸张燃烧产生烟的某一光谱中观察到的 CN 分子带,它是由 $B \rightarrow X$ 跃迁产生的。转动能级跃迁产生谱线的强度低于振动能级跃迁产生的谱线,图 5-7 中上图仅振动谱线可以被区分,而转动谱线的信号处于噪声之下。在 LIFBASE 中模拟的 CN 发射带中可以观察到转动谱线,如图 5-7 中下图所示。此外,振动和转动温度经计算分别约为 8000 K 和 5300 K(根据 384.5~389 nm 的波段)。它们是重要的热力学参数,对于研究分子的跃迁及其化学反应也具有重要意义。

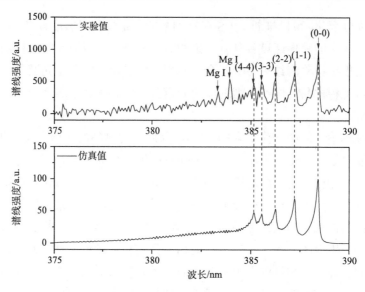

图 5-7　CN 分子 $\Delta v = 0$ 的发射带

5.1.6　主成分分析

　　根据检测结果选择 C、H、O、N、K、Na、Mg、Ca 和 CN 的 72 条特征谱线作为光谱特征，如表 5-1 所示。其中，波长小于 450 nm 的 20 条特征谱线（表中有下划线的波长对应谱线）为多通道光谱仪的前两个通道所检测到的谱线，包括

表 5-1　选择的特征谱线波长及其对应元素

元素或基团	波长/nm
C	<u>247.8</u>
CN	<u>384.9</u>, <u>385.3</u>, <u>386.0</u>, <u>387.0</u>, <u>388.2</u>
H	486.7, 656.2
N	648.6, 742.4, 744.2, 746.8, 818.5, 818.8, 821.1, 821.7, 822.3, 824. 3, 856.8, 859.4, 862.9, 865.6, 868.0, 868.7, 870.3, 871.1, 871.9
O	715.7, 777.2, 777.5, 844.6
Mg	<u>279.5</u>, <u>280.2</u>, <u>285.2</u>
Ca	<u>315.8</u>, <u>317.8</u>, <u>370.5</u>, <u>373.6</u>, <u>393.2</u>, <u>396.7</u>, <u>422.5</u>, <u>430.1</u>, <u>442.4</u>, <u>443.3</u>, <u>445.3</u>, 487.9, 518.9, 526.5, 527.0, 535.0, 558.9, 559.5, 559.8, 585.7, 610.2, 612.1, 616.1, 616.9, 643.8, 644.9, 646.2, 649.3, 714.9, 720.2, 732.6, 849.7, 854.2, 866.1
Na	588.9, 589.5
K	766.5, 769.8

注：标下划线的波长小于 450 nm。

C、Mg、Ca 的谱线和 CN 分子的振动带。首先以光谱仪前两个通道的 20 条特征谱线为例，对空气、呼气、烟（三种烟放在一起）共 2700 个一般光谱进行主成分分析。

前两个主成分的累计贡献率超过 80%（图 5-8），根据前两个主成分的得分得到三种光谱对应的样本分布情况，如图 5-9 所示。空气和呼气光谱对应的样本聚集在一起各自形成一个簇；与空气相比，呼气光谱向第二个主成分得分大的方向

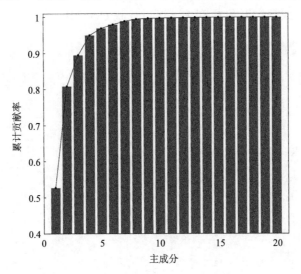

图 5-8 主成分的累计贡献率

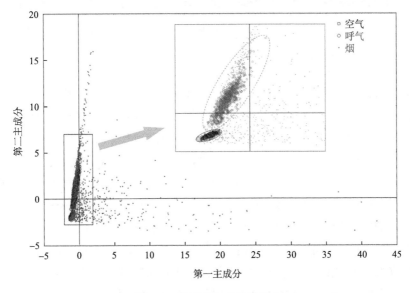

图 5-9 前两个主成分的得分

延伸。燃烧产生烟对应的数据点则比较分散，在第一和第二主成分得分的方向扩展。根据图 5-10 所示的部分载荷矩阵，即 20 条特征谱线强度构成前 10 个主成分的线性系数，Mg 和 Ca 谱线的强度对第一主成分系数为正且大于 C 和 CN，因此，第一个主成分与烟中的金属元素关系更大。C 和 CN 谱线的强度对第二主成分具有较大的正系数，而 Mg 和 Ca 谱线的强度对第二主成分系数则是负的且绝对值较小，即第二个主成分主要和 C 有关，可以反映 CO_2 浓度。

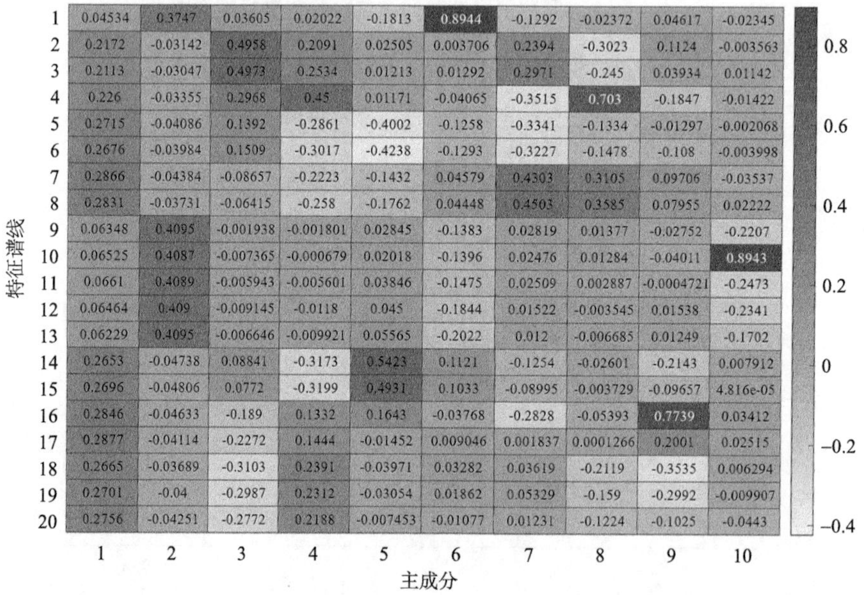

特征谱线	1	2	3	4	5	6	7	8	9	10
1	0.04534	0.3747	0.03605	0.02022	-0.1813	0.8944	-0.1292	-0.02372	0.04617	-0.02345
2	0.2172	-0.03142	0.4958	0.2091	0.02505	0.003706	0.2394	-0.3023	0.1124	-0.003563
3	0.2113	-0.03047	0.4973	0.2534	0.01213	0.01292	0.2971	-0.245	0.03934	0.01142
4	0.226	-0.03355	0.2968	0.45	0.01171	-0.04065	-0.3515	0.703	-0.1847	-0.002006
5	0.2715	-0.04086	0.1392	-0.2861	-0.4002	-0.1258	-0.3341	-0.1334	-0.01297	-0.002068
6	0.2676	-0.03984	0.1509	-0.3017	-0.4238	-0.1293	-0.3227	-0.1478	-0.108	-0.003998
7	0.2866	-0.04384	-0.08657	-0.2223	-0.1432	0.04579	0.4303	0.3105	0.09706	-0.03537
8	0.2831	-0.03731	-0.06415	-0.258	-0.1762	0.04448	0.4503	0.3585	0.07955	0.02222
9	0.06348	0.4095	-0.001938	-0.001801	0.02845	-0.1383	0.02819	0.01377	-0.02752	-0.2207
10	0.06525	0.4087	-0.007365	-0.000679	0.02018	-0.1396	0.02476	0.01284	-0.04011	0.8943
11	0.0661	0.4089	-0.005943	-0.005601	0.03846	-0.1475	0.02509	0.002887	-0.0004721	-0.2473
12	0.06464	0.409	-0.009145	-0.0118	0.045	-0.1844	0.01522	-0.003545	0.01538	-0.2341
13	0.06229	0.4095	-0.006646	-0.009921	0.05565	-0.2022	0.012	-0.006685	0.01249	-0.1702
14	0.2653	-0.04738	0.08841	-0.3173	0.5423	0.1121	-0.1254	-0.02601	-0.2143	0.007912
15	0.2696	-0.04806	0.0772	-0.3199	0.4931	0.1033	-0.08995	-0.003729	-0.09657	4.816e-05
16	0.2846	-0.04633	-0.189	0.1332	0.1643	-0.03768	-0.2828	-0.05393	0.7739	0.03412
17	0.2877	-0.04114	-0.2272	0.1444	-0.01452	0.009046	0.001837	0.0001266	0.2001	0.02515
18	0.2665	-0.03689	-0.3103	0.2391	-0.03971	0.03282	0.03619	-0.2119	-0.3535	0.006294
19	0.2701	-0.04	-0.2987	0.2312	-0.03054	0.01862	0.05329	-0.159	-0.2992	-0.009907
20	0.2756	-0.04251	-0.2772	0.2188	-0.007453	-0.01077	0.01231	-0.1224	-0.1025	-0.0443

主成分

图 5-10　前 10 个主成分与 20 条谱线强度之间的关系

接着，根据 72 条特征谱线的强度，对纸张、蚊香和香烟燃烧产生的三种烟的一般光谱进行 PCA。其中，每种烟的光谱各有 300 个样本。图 5-11 为根据表 5-1 中所有特征谱线的强度得到的 72 个主成分的贡献率和累计贡献率，其中，前 3 个主成分的贡献率分别为 42.98%、33.71%和 8.13%，累计贡献率达到 84.83%，携带了原始变量的大部分信息。从第九主成分开始，每个主成分的贡献率均小于 1%。

基于前 3 个主成分的得分构成三维空间，三种烟的光谱样本分布如图 5-12 所示。每种烟雾的样本点聚集形成团簇，但是，这些团簇彼此重叠，不能直接区分。原因在于三种燃烧烟雾的成分比较相似，C、H、O、N、K、Na、Mg、Ca 和 CN 分子的 72 条特征谱线彼此区别不大，并且这些特征峰的强度随激光焦点附近的烟雾浓度变化很大。因此，仅根据 PCA 的结果，不能直接对不同的烟进行识别和分类。

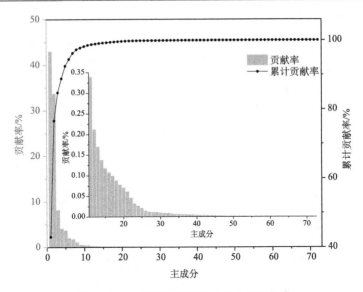

图 5-11　72 条特征谱线的主成分的贡献率

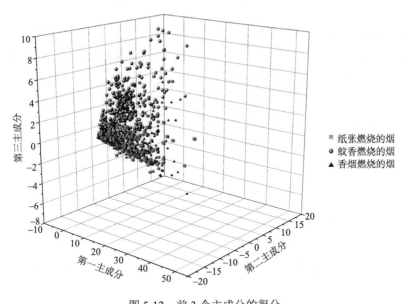

图 5-12　前 3 个主成分的得分

　　在光谱检测中，保持分辨率一定，检测的光谱范围越大，一般需要探测器阵列越大，成本越高。因此，考虑到实际检测过程中所需的成本，这里也对光谱仪前两个检测通道的谱线进行了 PCA。前 20 个主成分的贡献率和累计贡献率如图 5-13 所示。前 3 个主成分的累计贡献率为 89.27%，携带了选择的原始谱线数据中绝大部分信息。

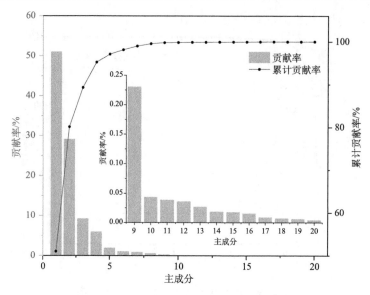

图 5-13　20 条特征谱线的主成分的贡献率

　　根据前 3 个主成分的得分，将三种烟的样本点在图 5-14 中表示出来。与图 5-12 相比，样本点的分布有所不同。但是，三种烟依然难以区分。蚊香和香烟燃烧产生烟的光谱样本在这个空间中更加分散，而纸张燃烧产生烟的光谱样本在三维空间中几乎呈现一条直线分布。为了对不同烟雾进行溯源，进一步基于主成分和有监督的机器学习方法对不同的烟进行分类识别。

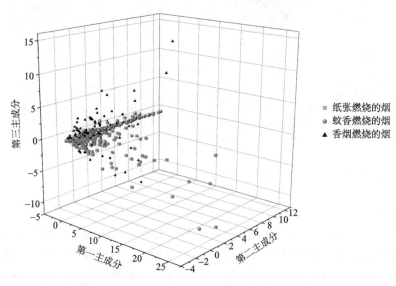

图 5-14　进一步机器学习后的前 3 个主成分得分

5.1.7　基于有监督机器学习的烟溯源

基于 PCA 得到的主成分数据和支持向量机（SVM）对三种烟雾进行分类和识别。对于每种烟雾的光谱数据，训练集各占 80%，其余部分构成测试集。为了得到 PCA-SVM 模型的最佳识别率，改变作为输入的主成分数目，将不同的结果以柱状图的形式呈现，20 条和 72 条特征谱线进行主成分分析后通过 SVM 得到的识别率分别如图 5-15（a）和（b）所示。

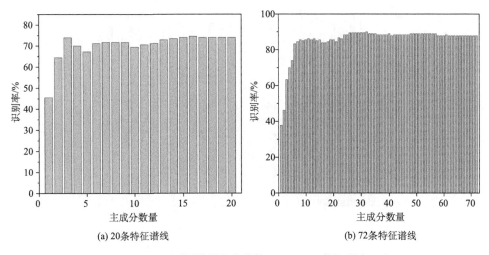

(a) 20条特征谱线　　　　　　(b) 72条特征谱线

图 5-15　不同数量主成分的 PCA-SVM 的识别率

如果仅使用 20 条谱线、选择前 16 个主成分（累计贡献率为 99.97%）时，线性核 SVM 的最佳识别率为 74.44%；当使用 72 条谱线的前 32 个主成分（累计贡献率为 99.91%）时，最佳识别率可以达到 90%。三种不同烟雾的识别率如表 5-2 所示。

表 5-2　PCA-SVM 的参数和识别结果

谱线数量/条	主成分个数	贡献率/%	不同烟雾或总测试集的识别率/%			
			纸张	蚊香	香烟	总测试集
20	16	99.97	93.33	95	35	74.44
72	32	99.91	93.33	96.67	80	90

将 SVM 更换为 BP 神经网络（BP-ANN）模型，同时，不同烟的标记采用独热编码的方式。训练集和测试集分别占 900 个光谱的 80% 和 20%。对于 BP-ANN

模型，需要优化的主要是隐含层神经元的数量，因此使输入的主成分数在累计贡献率达到 95%的同时保持数目最少。对 20 条谱线进行分析时，需要前 8 个主成分，当隐含层中的神经元数量为 2 时，得到测试集的最佳识别率为 78.89%；将 72 条谱线的前 19 个主成分（累积贡献率为 99.58%）用作输入，当隐含层中神经元数为 10 时，最佳识别率可达 93.33%。结果如图 5-16 所示。

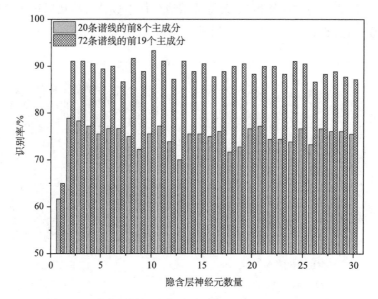

图 5-16　隐含层神经元数目不同的 PCA-BP-ANN 识别率

　　不同烟的光谱分类结果如表 5-3 所示，其中，"参数"指隐含层最佳神经元数量。为了区分三种烟，需要使用 72 条特征谱线中的主成分才能获得更好的结果。根据这种分类方法，可以实现室内燃烧产生的不同烟的溯源。通过将新的烟的光谱数据添加到训练集中，对模型进行再训练和优化模型中的参数，可以对更多种类的烟进行分类和溯源。

表 5-3　PCA-BP-ANN 的参数和识别结果

谱线数量/条	主成分个数	贡献率/%	参数	不同烟雾或总测试集的识别率/%			
				纸张	蚊香	香烟	总测试集
20	8	99.55	2	95	93.33	48.33	78.89
72	19	99.58	10	93.33	98.33	88.33	93.33

5.2　藏香和庙宇香等的烟尘溯源

藏香作为佛教祭祀活动中的必备品，一直都被广泛使用着，由于香中会添加一些草药和香料，不少老百姓家中也会用到藏香，或用来杀菌抗毒，或用来调节室内氛围，缓解紧张。然而藏香同时也包含一些金属元素，过多地使用可能会对环境及人类健康造成一定的影响。3.3 节中我们介绍了利用 LIBS 探测庙宇香产生的烟雾中的重金属，而本节将 LIBS 与 SPAMS 技术相结合，实现对藏香的在线检测，同时基于主成分分析法，实现对藏香和庙宇香等的烟尘溯源[191]。

5.2.1　实验设备参数介绍

实验使用的设备搭建参见本书第 2 章，LIBS 实验中我们设置的激光束能量约每脉冲 290 mJ，持续时间为 8 ns，频率设置为 10 Hz。SPAMS 实验中我们使用波长为 266 nm 的 Nd:YAG 激光作为激发光，烟尘颗粒物被激光脉冲击打，在电离区被电离产生正负离子，再由飞行时间质谱分析系统对信号进行探测，选用的激光能量为 320 μJ。

5.2.2　藏香的 LIBS 谱图探测分析

藏香燃烧后会产生两种物质：烟雾和灰烬，这两种物质都可能成为大气中颗粒物的来源，因此研究这两种物质的组成成分，分析其对环境的影响显得尤为重要。LIBS 可以快速有效地探测物质的组分，所以首先利用 LIBS 对藏香燃烧后的烟雾和灰烬的组分进行了探测和分析，如图 5-17 所示。在藏香烟雾光谱图中发现了 Ca 和 Sr 的特征谱线，这表明藏香烟中存在一些金属元素，但是并没有非常多，说明目前藏香的制作还是比较环保科学的。另外，还检测到了一些空气的成分（氮、氧、氢等元素），藏香烟由于是在空气环境中得到的，在它的光谱中检测到了空气的成分是很正常的。

通过将烟雾和灰烬光谱图对比分析可以发现，藏香灰烬的成分要比其烟雾复杂得多，在灰烬中我们发现非金属元素 Si，金属元素 Fe，Mg，Ca，Ba，Sr 等，将图 5-17（b）中藏香灰烬的谱图进行局部放大，如图 5-17（f）所示，在藏香灰烬中还检测到了重金属元素锰。所以，虽然藏香烟雾相对比较环保，但是其灰烬中还是存在不少金属元素的，有些金属元素对人类是非常有害的，特别是其含量达到一定程度时，会损害人类的神经系统。现在藏香的使用范围很广，其燃烧后的灰烬处理非常重要，否则极易吹散到空气中成为大气颗粒物从而污染环境，并且威胁人类健康。

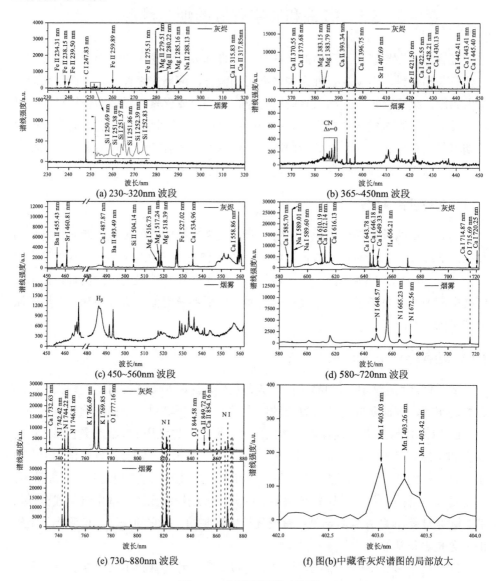

图 5-17　灰烬和烟雾对比图

　　由于我们只检测了单一元素含量下的光谱，所以暂时只能根据元素光谱强度给出一个定性的结果。一般而言随着浓度的增大，元素特征峰相对强度也会增加，这也是定量分析可行的一个前提。内标法是一种非常经典的方法，可以帮助我们实现 LIBS 中的定量分析。

5.2.3　藏香烟尘的 SPAMS 探测分析

SPAMS 也是一种可以对物质进行在线探测的光学技术，和 LIBS 不同，它主要通过分析谱图中离子的质荷比来确定所测样品的成分。由于不同离子的质荷比可能相同，导致了谱图分析的不确定性，所以将其与 LIBS 配合使用，可以使元素的识别更加可靠。

我们利用 SPAMS 对藏香燃烧的烟尘进行了质谱在线探测，如图 5-18 所示，在其中我们发现了一些离子的谱线，同时也检测到了一些金属元素，如 Mg、Ca、Cr、Fe 等，这与我们通过 LIBS 检测到的结果可以相互印证。由于烟雾的颗粒物直径和浓度均小于灰烬颗粒物，而对藏香的烟雾和灰烬都采用激光实时测量，所以在灰烬中可以检测到更多的金属元素，如 Fe、Mg、K、Ca 等。值得注意的是，我们使用的 LIBS 的探测范围为 210～890 nm，有可能某些元素的特征波长刚好不在这个范围内，LIBS 捕捉不到，所以有一些利用 SPAMS 技术检测到的元素而 LIBS 无法检测到，所以说 LIBS 和 SPAMS 技术需要相互配合，两者互为补充，可以让我们对探测对象的研究更为深入和全面。此外，在 SPAMS 质谱中我们还检测到了一些阴离子，如 CNO^-、CN^-、NO_2^- 等，这有助于我们更好地了解藏香燃烧烟尘的成分。离子 CNO^-、CN^- 的出现表明藏香的成分中有含碳化合物，而阴

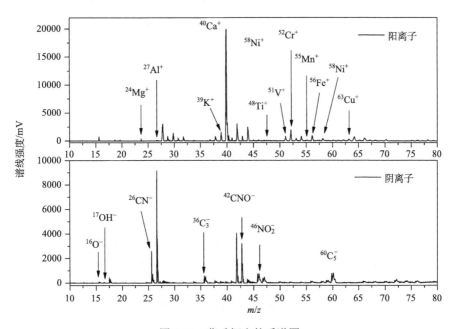

图 5-18　藏香烟尘的质谱图

离子 CN⁻可以与一些元素结合形成高毒性的氰化物，一旦进入人体，会对我们的血液造成影响，导致人体中枢系统受损[192]。阴离子 NO_2^- 可以与人体内的血红蛋白结合，将氧血红蛋白转化为高铁血红蛋白，导致组织缺氧，它也可以和一些物质结合进而诱发消化系统癌变[193]。因此，检测负离子可以帮助我们了解烟雾对人类健康的影响。

SPAMS 技术还有一个独特的优势，可以直观地探测和分析元素的同位素，而在 LIBS 中同位素分析主要依靠对比特征谱线的位移来实现[93,194]，仅仅用 LIBS 来探测单原子的同位素几乎不太可能，所以利用 SPAMS 技术来分析同位素更加方便且直观。

铅元素是一种有害的重金属污染元素，虽然在选定的藏香烟尘（随机样本）中并没有检测到 Pb，但是不可否认，自然界中的铅元素污染非常普遍。因此为了使研究更具有一般性和参考性，在藏香中添加了重金属元素 Pb，由此来测试 SPAMS 技术对重金属 Pb 和其同位素的检测能力和效果。如图 5-19 所示，即利用 SPAMS 技术检测到的 Pb 同位素的质谱图。众所周知，铅元素有四种同位素（$m/z = 204$、206、207 和 208），我们根据铅元素谱线的强度计算出来同位素的丰度并在图中进行了标注，可以发现它与自然界中的含量是一致的。

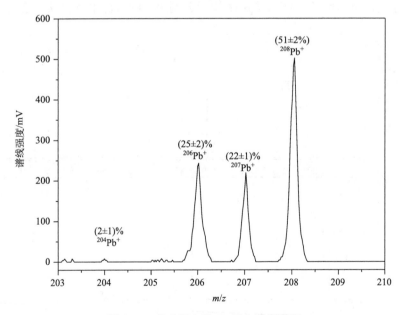

图 5-19　藏香烟尘的 Pb 同位素质谱图

5.2.4　烟尘颗粒物的聚类分析

各类香燃烧后的烟尘外形十分相似，单从外观上并不能将它们区分开来。虽然它们的成分也很相近，但是每种香都有其特定的成分和相对应的含量，这就导致了它们谱图的不同。物质的质谱图就类似于指纹，其中蕴含着其独特的信息，可以将它们区别开来。因此借助其光谱进行数据处理和分析，进而实现它们的聚类分析。

主成分分析法作为一种降维方法，可以选取较为简单的多个因素去代替原来复杂的大量变量，实现对样品的特征描述，它也被用作探索性数据分析和模式识别的有效工具[195]。由于它可以使得物质之间的区别可视化，所以常常与其他技术一起应用，使问题简单化[196-198]。

除了藏香，又对另外两种香进行了取样和探测，分别是用于驱蚊的香（蚊香）和寺庙祭祀所用的香（庙宇香）。对于这三类样品，分别选择了 10 组质谱数据，并在这些谱图中选取了正离子谱图中的 m/z=50～60 这一范围来作为香的特征质谱数据，使用 PCA 模型来进行特征分析。主成分分析法在数据分析中起到了一种特征重建的作用，一种物质的特征可以由其光谱中的变量表示（包括波长及对应的强度），该物质的特点是由这些变量的线性组合而体现，借助主成分分析法，我们可以重新组合成一组新的互相无关的综合指标来代替原来的指标，用少数几个主成分，尽可能多地保留原始变量的信息，来体现物质的特征。它的训练过程是一个构造转换矩阵的过程。借助 SPASS 软件，导入选定的数据，首先对选定的变量矩阵进行均值归零处理，然后求协方差矩阵，再求出协方差矩阵的特征值和特征向量，特征向量组成的矩阵就是变换矩阵，最后将特征向量按照特征值大小进行排序，组成矩阵得到最后的变换数据。

我们选择这组数据（m/z=50～60）的原因是这部分谱线集中了很多藏香烟尘的特征峰，但是目前还不能完全确定这部分峰代表了什么元素，所以尝试借助主成分分析法来对这部分数据进行分析。如图 5-20 所示，我们选取了三种样品的第一和第二主成分（PC1，PC2），做出了 PCA 散点图，可以发现，基于 SPAMS，利用 PCA 方法，将香进行聚类分析是可行的，这也为燃烧颗粒物的追踪溯源提供了一种参考方法。

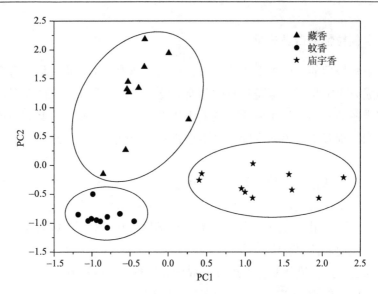

图 5-20　藏香、蚊香和庙宇香组分 PCA 分类结果

5.3　煤烟烟尘污染溯源研究

化石燃料是世界上使用最多的能源,其燃烧一直是影响全球环境的重要因素。煤炭作为一种重要的化石燃料,对环境和人类健康有着巨大的影响。众所周知,煤炭燃烧会产生大量的二氧化碳、二氧化硫和金属离子[199]。大气中二氧化碳浓度的增加是产生温室效应的主要原因,温室效应会导致地球温度的升高、频繁的极端天气和一些生态问题。二氧化硫与空气中的氧气反应生成三氧化硫,在降雨过程中形成酸雨,严重影响植被生长。金属离子与空气中的酸性气体反应,极有可能形成硫酸盐,而硫酸盐正是形成雾霾的关键[47,200]。如果烟尘排放到空气中,很可能污染空气环境。如果人们在呼吸时吸入烟雾,也会对身体造成极大伤害。所有这些都将给人类健康和环境带来巨大威胁。本节实现了对煤烟烟尘的原位在线探测与溯源[201]。

5.3.1　实验方法介绍

激光器工作的基本波长是 1064 nm,激光束设定为每脉冲约 260 mJ,脉冲持续时间为 6 ns,频率为 10 Hz。用手持式激光器照射样品煤以产生烟雾,此激光器的基本输出波长是 447 nm。与原子吸收光谱法(AAS)、原子荧光光谱法(AFS)等其他检测技术相比,LIBS 具有所需样品量小、检测速度快、成本低、实时检测、远程控制、非接触分析、无损检测等特点[202]，并可用于检测固体、液体、气体样品[203-205]。由于这些特点，LIBS 已成为环境监测领域的一种重要方法。反向传播人工神经网络算法与其他算法相比，具有大规模并行、分布式处理、自组织、自学习等优点，在分类和识别方面尤为有效，该检测方法与机器学习相结合，可实现烟尘的快速检测和溯源。

5.3.2　原位在线探测煤烟

为了尽可能地模拟室外环境，整个实验过程完全在空气中进行。对不同种类的样品煤进行了测试。此处以无烟煤为例说明实验结果。根据 NIST 原子光谱数据库和一些其他研究[10,15]，对无烟煤烟雾光谱中的一些特征峰进行了标注，如图 5-21 所示。根据谱线，无烟煤中的元素包括 Ca、Fe、Mg、Al、Mn、Sr、Na 和 Si。煤烟中碳的强度明显高于空气中碳的强度，还可以观察到 CN 分子带，它们主要由样品中的 C 和空气中的 N 形成。氮、氢和氧在光谱中的强度几乎与空气中的强度相同，它们几乎都存在于 600～880 nm 的光谱范围内。因此，可以推测无烟煤中的 N、H 和 O 含量很低，大部分来自空气。

5.3.3　不同样品之间的对比

为了更直观地看到不同样品之间的差异，对同一波段内不同样品的谱线进行比较。图 5-22 显示了 350～450 nm 范围内无烟煤、褐煤和烟煤的光谱。总体来说，在这三个样本中检测到的元素几乎相同。但在 390～400 nm 范围内，我们可以清楚地看到 Ca 和 Al 的相对强度存在显著差异。

5.3.4　无监督分析

应用主成分分析算法对原始数据进行降维。该算法使用正交变换法将一组可能线性相关的变量转换为一组新的线性不相关变量，这些新的变量叫作主成分。第三和第四通道的谱线与空气的谱线非常相似，为了消除大气谱线的干扰，选择了第一和第二通道的数据进行分类。图 5-23 是前 3 个主成分得分在空间中不同样本的散点分布图。尽管三种样品被分为了三个部分，但仍有一些重叠部分不易识别。这是因为它们包含的元素非常相似。图 5-24 显示了每个主成分的累计贡献率。累计贡献率反映了主成分对原始数据的概括程度。前 3 个主成分的累计贡献率已经大于 95%，表明前 3 个主成分在很大程度上表达了原始数据的特征。所以，由主成分分析降维所得到的主成分是非常可靠的。

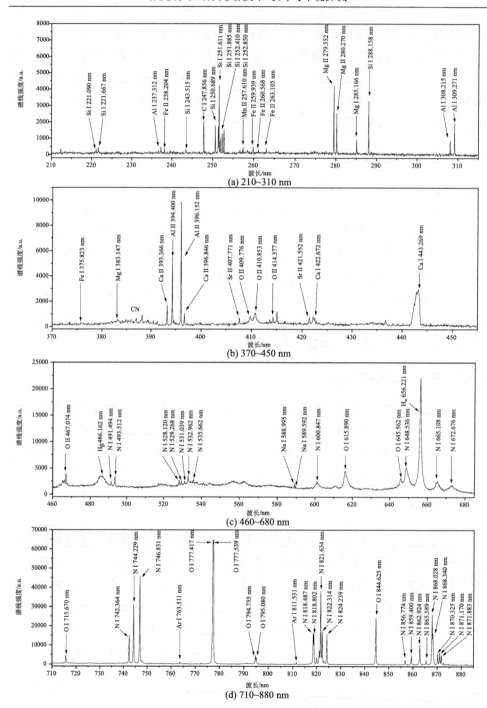

(a) 210~310 nm

(b) 370~450 nm

(c) 460~680 nm

(d) 710~880 nm

图 5-21　无烟煤烟雾的 LIBS 光谱

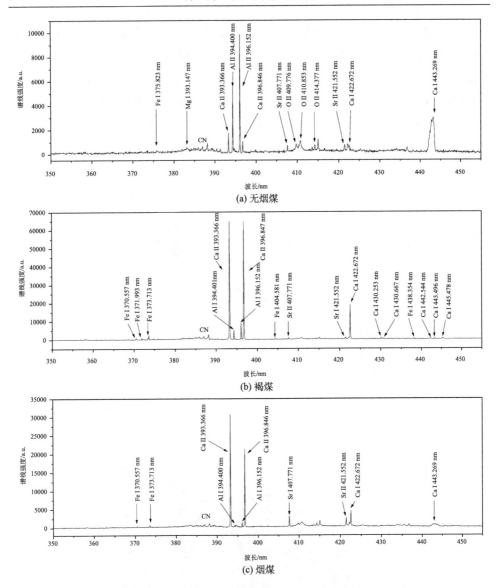

图 5-22　在 350～450 nm 范围内燃烧不同煤产生烟雾的 LIBS 光谱

5.3.5　有监督分析

为了更进一步区分这三种样品，使用反向传播人工神经网络算法对每种样品进行精确识别。神经网络算法在结构上分为三层，即输入层、隐含层和输出层。每输入一组数据，经过隐含层的反复迭代，就会得到一个结果。每种煤烟有 200组数据，其中 80%作为训练集，剩余的 20%作为测试集。首先，为了确定隐含层神经元的个数，先进行了一次原始的神经网络计算。隐含神经元个数由 1 个逐渐增加到 30 个，当隐含神经元个数为 3 时，识别准确率达到最大。因此将隐含神经元设置为 3 个，加入一个交叉验证的过程。通过分层抽样，将样本随机分为五组，其中四组作为训练集，另一组作为测试集。以十次运行结果的平均值作为最终识别准确度，可以大大提高评估结果的准确性和稳定性。这十次的识别准确率如图5-25 所示，最终的准确度达到 98.32%。

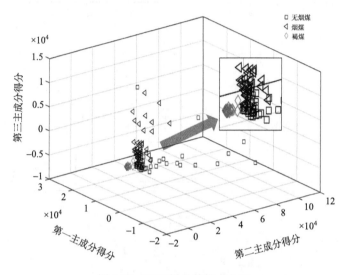

图 5-23　不同样品的散点分布

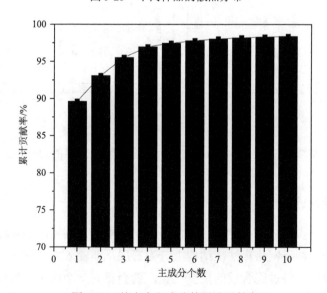

图 5-24　前十个主成分的累计贡献率

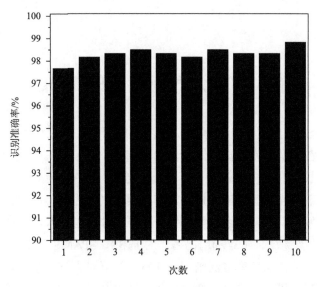

图 5-25　识别准确率

　　以上结果证明了利用 LIBS 对煤烟的原位探测与溯源是可行的。该方法对于烟尘的检测和识别具有很好的应用前景。它对环境和人类健康有很大的好处。此外，该方法还可以扩展应用到许多领域，并在许多物品的识别中发挥重要作用。

第6章 大气环境中的 VOCs

VOCs 是众多次生有机气溶胶的重要前体，可能导致严重的大气环境问题[18,206]。此外，由于存在大量的室内排放源，同时大部分 VOCs 具有较强的生理毒性，会严重危及每天长期在室内工作和生活的人的健康[207,208]。因此，在线检测大气中的 VOCs 对于研究光化学反应的机制具有重要意义。光谱、质谱技术在该领域有广阔的空间来发挥其优势和特性[206,209]，但需要对这些技术进行实际实验以验证其应用的可行性[210-212]。本章利用已搭建的 LIBS、SPAMS 与 Raman 光谱实验探测平台，结合第一性原理密度泛函理论计算，开展对大气环境中较为典型 VOCs 的定性定量探测，以及分子结构探测分析等研究[88,90]。实验以几种卤代烷烃类物质为例，通过使用气体卤代烷烃样品分别创建待探测的局域空气污染环境，并在开放环境下分别开展对大气环境中卤素（氟、氯、溴、碘）的原位直接探测研究与分析。

6.1 卤素的定性检测

6.1.1 气溶胶样本制备

为了进一步开展大气环境中卤素（氟、氯、溴、碘）的相关原位在线实时探测可行性研究，实验中选择如下几类气溶胶样品：Halon 2402（$C_2Br_2F_4$，国药集团化学试剂有限公司，$\geqslant 98\%$）、Freon R11（$CFCl_3$，Macklin，$\geqslant 98\%$）、碘甲烷（CH_3I，Macklin，$\geqslant 98\%$）、Freon HCFC-151B1（C_2H_4BrF，Aladdin，$\geqslant 99.5\%$）。

原始样品均以液态形式存储，为了使其完全挥发转化成气态样品用于实验探测，同时保证其不会迅速逃逸到空气中，我们设计使用一种用于存储和控制气体的样品池。在 LIBS 实验中，首先在样品池中加入 10 mL 液体样品，在封口处使用 O 形圈（O-ring）提升样品池气密封效果。然后，将装有样品的气体样品池在恒温箱中以 50℃加热 10 min，促进液体样品的完全挥发。在 SPAMS 探测实验中，将 2 mL 液体样品与 25 mL 超纯水混合，然后利用气溶胶发生器（TSI Inc., Model 9302）将样品混合物转换成气溶胶状态，并通过波纹管将气溶胶样品连接到 SPAMS 系统的引入端口，导入空气动力学透镜和真空腔中进行后续的质谱探测分析。

6.1.2 装置结构

5.1 节已经对 LIBS 实验结构进行了详细描述，本节将着重于与 LIBS 实验系统相匹配的 SPAMS 的介绍。图 6-1 是自行开发的单颗粒气溶胶质谱仪结构，相关具体配置参数已经在相关文章[213, 214]中给出。简要地，该装置由上至下主要由采样系统、空气动力学直径测量系统以及双极飞行时间质谱三个部分组成。腔内的所有气体都被泵出，形成一个稳定的梯度压差环境。气溶胶样品从上部空气动力学透镜的前端输入（内部压力：2.2 torr[①]）被压缩至中轴上，通过分离锥将它们分离并再次加速到直径测量系统中。每个粒子在直径测量区域连续散射两束激光束，空间距离为 6 cm。散射光被椭球镜反射，并聚焦在光电倍增管（PMT）上。两个采集信号之间的时间间隔是粒子在两束激光束之间的飞行时间，其为粒子的空气动力直径函数，通过计算可以得到粒子的空气动力直径。此外，该参数在双极飞行时间质谱仪中也充当开关的作用，由同步电路控制，在粒子到达离子源时触发短脉冲激光（波长 266 nm，脉冲能量 1.5 mJ/脉冲）并解离，得到的正负粒子碎片分离后通过环形电场轨道加速，分别由两端的正负极探测器采集。

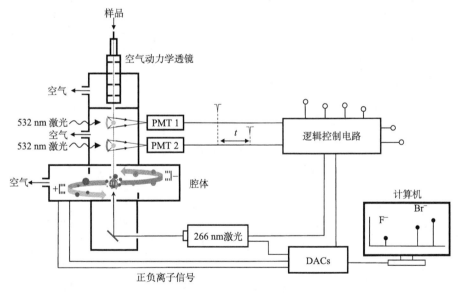

图 6-1 单颗粒气溶胶质谱仪结构

t 为两个 PMT 采集到信号的时间间隔

---

① torr 是气压单位——托，1 torr=1 mmHg（1/760 标准大气压）。

6.2 卤素的定量检测

6.2.1 空气背景环境探测

由于测量工作是在没有任何预处理的情况下在大气中直接进行的，因此周围空气中的元素成分对 LIBS 探测将会产生影响。为了保证背景空气中的元素不会干扰对于 LIBS 光谱中样品元素成分的标定，我们首先需要获取背景空气的成分信息。因此，在测量 VOCs 样品之前，我们利用 LIBS 系统在同样的实验条件下对实验室环境空气进行了直接探测。图 6-2 给出了 460～890 nm 波长范围内的空气 LIBS 光谱。由图可以看出，光谱中存在着许多氮和氧元素的原子特征谱线，它们分别来源于空气中占比最高的两种成分——氮气和氧气。同时在光谱中还观察到两条氢元素巴耳末系原子特征谱线（H_α 656 nm 和 H_β 486 nm），它们主要来源于空气中的水蒸气。此外，在空气光谱中观察到了 3 条元素氩（Ar）的原子特征谱线（706.722 nm、742.364 nm、811.531 nm）。氩气是空气中的稀有气体元素

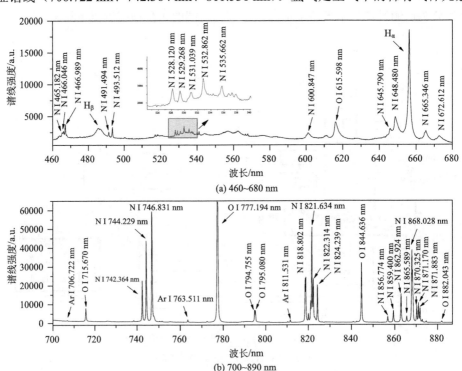

(a) 460~680 nm

(b) 700~890 nm

图 6-2　优化实验条件下采集的环境空气的 LIBS 光谱

之一,光谱中 Ar 元素特征谱线的出现证明了该 LIBS 系统对于气相样品中痕量元素的探测能力。另外,在许多高精度 LIBS 探测研究中,Ar 常被用作缓冲空气,对于周围空气中的 Ar 的探测将有利于提高 LIBS 探测定量化的能力。

6.2.2　卤族元素分析

　　首先以 Halon 2402 样品作为探测对象,在大气环境下直接进行 LIBS 探测与 SPAMS 探测,其 LIBS-SPAMS 光谱如图 6-3 所示。将 LIBS 光谱与 NIST 原子光谱数据库进行比对,对 LIBS 光谱中氟元素的各条特征谱线进行标定,并在图中标记其特征谱线的精确波长。由图可以看出,在 680~720 nm 范围内可以明显观察到 Halon 2402 中氟的特征谱线。同时,在 LIBS 光谱中还观察到了图 6-1 中标记的来源于周围空气的氮、氢、氧和氩的光谱线,这也初步证明了 LIBS 系统直接检测气相样品中氟元素的可行性。通过 SPAMS 系统采集 Halon 2402 气溶胶样品的激光电离质谱,其 0~22 m/z 区域的负离子质谱如图 6-3 的下半部分所示。从质谱图中可以明显看出,在强激光场的作用下,Halon 2402 气溶胶的电离过程中产生了 F⁻、O⁻和 OH⁻离子碎片。通过 SPAMS 能够有效地探测到 Halon 2402 气溶胶颗粒物中的氟元素。与 Halon 2402 类似,我们同时给出了 Freon HCFC-151B1 的 LIBS 和 SPAMS 实验测量结果,如图 6-4 和图 6-5 所示。

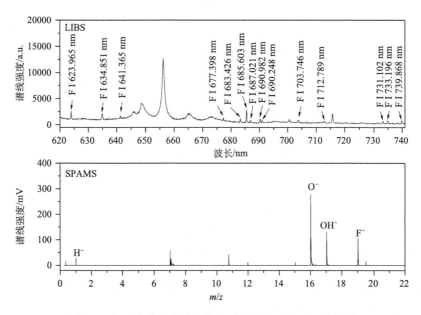

图 6-3　氟元素特征谱线及氟离子单颗粒飞行时间质谱图

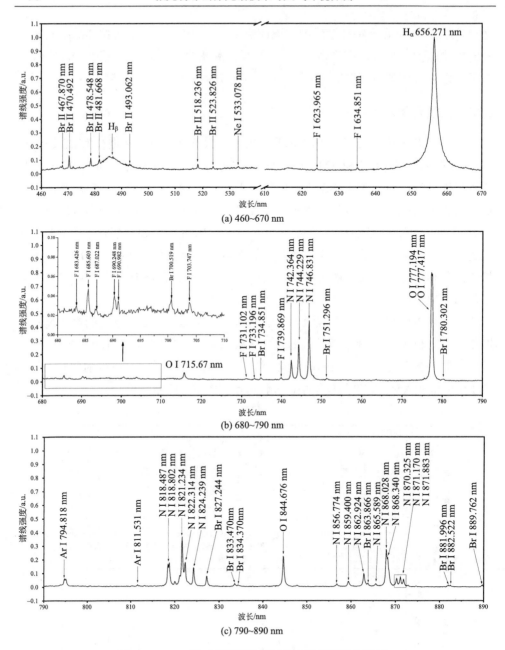

图 6-4　LIBS 同时观测到的氟元素和溴元素特征谱线

　　选取 Freon R11 样品作为探测对象，分别对其进行大气环境下的 LIBS 和 SPAMS 实时在线探测，其结果如图 6-6 所示。由 LIBS 光谱可以看出，在 720～860 nm 的区域中存在着很强的氯元素的原子特征谱线，这也表明通过 LIBS 能够对氯元素进行快速实时探测。此外，通过 SPAMS 系统采集 Freon R11 气溶胶样品的激光电离质谱如图 6-6 下半部分所示。由图可以看出，在负离子质谱中存在氯元素的两个不同同位素（^{35}Cl、^{37}Cl）的离子碎片。然后根据它们的峰值强度可以计算出这两种氯同位素的丰度分别为 83%和 17%。

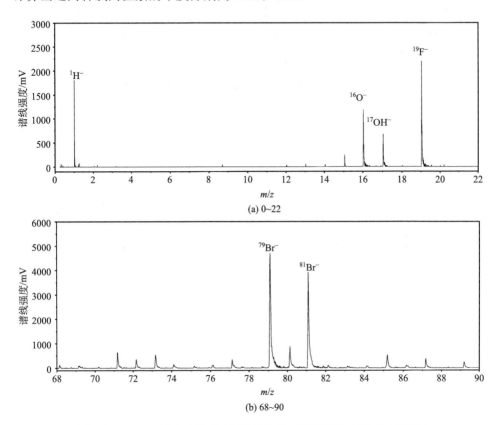

(a) 0~22

(b) 68~90

图 6-5　SPAMS 同时观测到的氟离子和溴离子单颗粒飞行时间质谱图

在 Halon 2402 样品的 LIBS-SPAMS 光谱中对溴元素的特征峰进行标记，其结果如图 6-7 所示。由图不难看出，其 LIBS 光谱中同时存在着溴元素的原子特征谱线（Br I）和离子特征谱线（Br II）。其中，原子特征谱线 Br I 位于近红外区域，而离子特征谱线 Br II 位于可见光区域。此外，在其负离子质谱图中也可以明显观察到 Br$^-$碎片。同样，通过 SPAMS 技术可以区分溴的两种同位素（^{79}Br、^{81}Br），这是 LIBS 无法实现。采用与氯同位素丰度同样的计算方法，计算得到实验中所用溴同位素的丰度为 49%和 51%，与自然界中的溴丰度几乎相同。

碘甲烷的 LIBS 光谱如图 6-8 所示，在光谱中对碘的特征谱线进行了标记。如图所示，观察到的碘特征峰主要是存在于 500～600 nm 范围内的离子线，而在我们的测量中仅观察到了 511 nm 和 804 nm 两条碘元素的原子特征谱线。

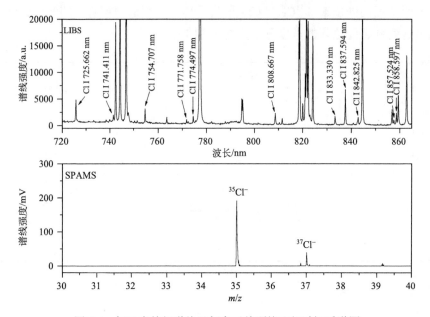

图 6-6　氯元素特征谱线及氯离子单颗粒飞行时间质谱图

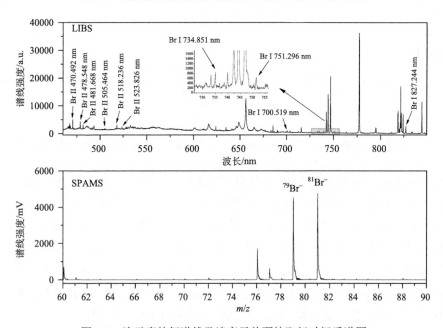

图 6-7　溴元素特征谱线及溴离子单颗粒飞行时间质谱图

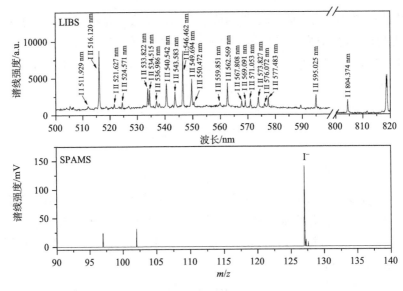

图 6-8 碘元素特征谱线及碘离子单颗粒飞行时间质谱图

在本书中，利用高能量脉冲激光作为激发源，采用 LIBS 在卤代烷烃气溶胶样品中成功地探测到了四种卤族元素。同样地，通过 SPAMS 技术也能够对四种卤素进行探测，能够与 LIBS 分析互为印证。通过比较氟、氯、溴、碘的特征谱线发现，在我们的 LIBS 实验中，只有第一电离能较低的溴和碘元素有离子特征谱线，而第一电离能较高的氟和氯元素则只有原子特征谱线。在相同的实验条件下，随着卤素原子第一电离能的降低，光谱中该元素的原子谱线逐渐减弱，而离子谱线逐渐增强。

尽管利用 LIBS 或 SPAMS 技术都能够实时探测大气环境中的元素成分，但在真实的大气污染探测中，由于气溶胶的成分极其复杂，仅凭 LIBS 或 SPAMS 直接探测大气气溶胶中的 VOCs 成分的准确度将会下降，因为 LIBS 光谱特征谱线或质谱中质谱峰的标记将存在很大难度。以氟元素探测为例，图 6-8 中最强的氟线（F I 685.603 nm）非常接近 Fe I 位于 685.607 nm 处的特征谱线[215]，而 Fe 是来自工业烟气的气溶胶中的常见元素。同样，质谱中有许多噪声质谱信号会干扰如图 6-6 和图 6-8 中某些未知质谱峰的识别。因此，在复杂环境的成分探测中，SPAMS 探测将能够作为 LIBS 探测的有效补充分析手段，两者探测手段的结合对于提高大气中 VOCs 直接检测的准确度具有重要意义。同时，位于大气中不同高度的卤代烃的类型和含量不同，这使得卤代烃的检测需要深入到同位素水平[216]。含有重同位素的分子和含有轻同位素的分子由于蒸气压的不同[217]，其大气分布不同。值得注意的是，卤素的生物和非生物排放之间的同位素含量存在差异，这对同位素检测[218]追踪 VOCs 具有指导作用。利用 SPAMS 分析可以分辨氯、溴等元素的同位素并计算得出其相应的同位素丰度比，这在大气污染物的溯源探测与分析中同样具有重大意义。

6.3　卤素的定量探测

6.3.1　定量分析方法

目前，LIBS 用于待测样品中目标元素的定量分析时，普遍采用的方法是根据元素含量与相应特征谱线强度的对应关系得到定标曲线。根据定标曲线，便可由谱线强度计算出待测样品中的定标元素含量。本书中 LIBS 定量分析的依据是 Lomakin-Scheibe 公式：

$$I = aC^b \tag{6-1}$$

式中，I 是光谱线的观察强度；a 是实验常数；C 是目标元素的浓度；b 是自吸收系数。如果忽略自吸收，可认为 $b = 1$。因此，式（6-1）可以改为

$$I = aC \tag{6-2}$$

然而，在不同次实验之间，实验常数 a 无法保证完全相同，而利用内标法便可消除实验常数 a 波动对定标效果的影响。因此，在选取参考谱线时，可选择 N I（746 nm）作为参考谱线，并可将式（6-2）改写为

$$I / I_N = aC / a_N C_N \tag{6-3}$$

式（6-3）可以进一步简化为

$$I^* = AC \tag{6-4}$$

式中，I^* 是目标元素特征谱线的相对强度；A 是等于 $a / a_N C_N$ 的常数；C 是气体样品中目标元素的浓度。

LIBS 光谱中的背景光会干扰特征谱线的识别与元素含量的标定，当元素含量过低时，特征谱线强度可能会因与背景光强度相当而无法标定。本实验在开放大气环境中对卤代烷烃进行定量探测分析，样品的 LIBS 光谱噪声较大，有可能会影响含量较低时卤素含量的定量分析，因此，需要计算定标曲线的检出限，以确定待标定元素定量分析的范围。LIBS 的检出限可表示为[98]

$$\text{LOD} = \frac{3\sigma}{k} \tag{6-5}$$

式中，σ 是背景光强度的标准差值；k 是定标曲线的斜率。

6.3.2　LIBS 定量分析

为了分别得到四种卤族元素（氟、氯、溴、碘）的定标曲线，需要制备含有不同浓度卤素的气体样品并分别对其开展 LIBS 探测，采集样本数据用于建模。将不同量的 Halon 2402、Freon R11 和碘甲烷样品加入到样品池中，以制备用于 LIBS 探测实验的标准浓度污染物气体样品。另外，为了避免实验参数与外部环境对不同次实验的影响，所有 LIBS 测量均在同等实验条件下开展。

利用 Halon 2402 样品在样品池中制备了不同氟浓度的标准气体样品（100 mg/L、200 mg/L、300 mg/L、400 mg/L），采用 LIBS 系统分别对各浓度样品进行探测实验。分析之前对各实验光谱信号进行归一化处理并取十次平均值，以减小信号波动对于定量分析结果的影响。在各浓度样品光谱中读取氟元素位于 685 nm 处原子谱线峰值强度并将其作为 Y 变量，再以样品浓度作为 X 变量，根据式（6-4），采用最小二乘法进行拟合并得到本书中氟元素含量的定标曲线，如图 6-9 所示，其线性相关系数 R^2 为 0.997。氟元素定标曲线斜率为 6.0534×10^{-5}，选取 $720 \sim 730$ nm 波段谱线信号作为背景光谱信号计算其强度标准差 σ，再根据式（6-5）计算得到氟元素的 LIBS 检出限为 106 mg/L。

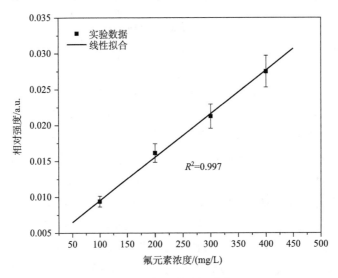

图 6-9　氟元素定标曲线

利用 Freon R11 样品在样品池中制备了不同氯元素浓度的标准气体样品（86 mg/L、172 mg/L、258 mg/L、344 mg/L、430 mg/L），分别对各浓度样品进行探测实验，记录光谱实验信号并同样进行数据标准化处理。以气体样品中氯元素

浓度作为 X 变量，再以氯元素位于 837 nm 处原子谱线峰值强度作为 Y 变量，采用最小二乘法拟合得到氯元素含量的定标曲线，如图 6-10 所示，各实验数据点的线性相关系数 R^2 为 0.982。氯元素定标曲线斜率为 3.5803×10^{-5}，以 766~770 nm 波段谱线信号作为背景光谱信号计算其强度标准差 σ，计算得到氯元素的 LIBS 检出限为 56 mg/L。

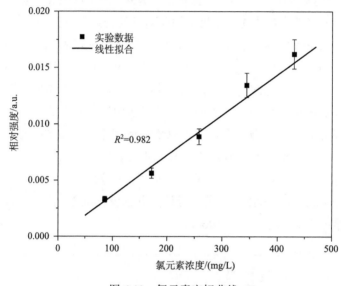

图 6-10　氯元素定标曲线

利用 Halon 2402 样品制备了不同溴元素浓度的标准气体样品（193 mg/L、386 mg/L、579 mg/L、772 mg/L、965 mg/L），依次进行 LIBS 探测，采集实验光谱信号，并进行标准归一化处理。以气体样品中溴元素浓度作为 X 变量，再以氯元素位于 827 nm 处原子谱线峰值强度作为 Y 变量，采用最小二乘法拟合获得溴元素含量的定标曲线，如图 6-11 所示，各实验数据点的线性系数 R^2 为 0.999。溴元素定标曲线斜率为 4.0364×10^{-5}，以 766~770 nm 波段谱线信号作为背景光谱信号计算其强度标准差 σ，计算得到氯元素的 LIBS 检出限为 62 mg/L。

采用碘甲烷样品制备了不同溴浓度的标准气体样品（310 mg/L、620 mg/L、930 mg/L、1240 mg/L、1550 mg/L），依次对各样品进行 LIBS 探测实验，采集实验光谱信号后进行标准归一化处理。以碘元素浓度作为 X 变量，再以碘元素的 546 nm 谱线峰值强度作为 Y 变量，利用最小二乘法拟合得到碘元素的定标曲线，如图 6-12 所示，各样本点的线性相关系数 R^2 为 0.996。碘元素定标曲线斜率为 3.72×10^{-5}，选取 470~480 nm 波段谱线信号作为背景光信号计算强度标准差 σ，再根据式（6-5）计算得到碘元素的 LIBS 检出限为 76 mg/L。

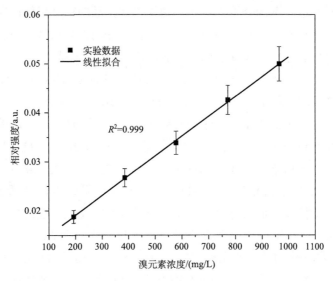

图 6-11　溴元素定标曲线

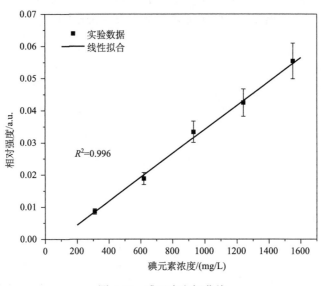

图 6-12　碘元素定标曲线

6.4　分子结构拉曼分析

LIBS 和 SPAMS 的探测与分析能够提供 VOCs 气溶胶样品的元素成分信息，

但不包括其中的分子结构信息。为了能够探测 VOCs 的分子结构，本书中采用拉曼光谱技术对其进行探测分析。然而，由于气体样品的密度极低，通过拉曼光谱系统对于气体的探测工作非常困难。为了获得更好的拉曼信号，拉曼光谱探测在液态 VOCs 样品上进行，作为对 VOCs 分子结构分析的尝试性和探索性工作。

利用激光拉曼光谱系统分别对 Halon 2402 及 Freon HCFC-151B1 进行检测。其中 Halon 2402 样品的拉曼实验光谱如图 6-13 所示。从图中观察到，在拉曼光谱中存在三条对应于 Halon 理论计算的特征峰，应用于 Halon 2402 的拉曼光谱分析。首先，在 Gaussian 09 计算软件中，构建 Halon 2402 分子并对其分子几何构型进行优化，再采用 B3PW91 / 6-311G ++（3df, 2pd）基组计算得出 Halon 2402 分子理论拉曼光谱及其相应的分子振动模式，理论结果如图 6-13 所示，同时在图中标记三条主要拉曼特征峰对应振动模式。通过比较发现，理论与实验拉曼光谱结果几乎一致。表 6-1 列出了主要的特征峰和相应振动模式信息，325 cm^{-1} 特征峰对应于 F—C—Br 面外弯曲振动，685 cm^{-1} 特征峰对应于 F—C—F 面内弯曲振动，1019 cm^{-1} 特征峰对应于 C—Br 伸缩振动，这三条拉曼特征峰都与氟或溴原子的振动相关。在实际应用中，根据分子的特征振动峰直接识别其物种是一种更为快速且便捷的方法。因此，这些特征峰可被看作 Halon 2402 分子的"光谱指纹"。

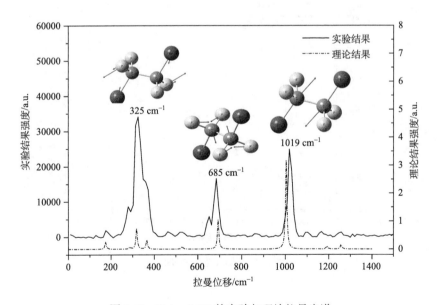

图 6-13 Halon 2402 的实验与理论拉曼光谱

表 6-1　**Halon 2402 分子拉曼光谱特征峰和相应振动模式**

特征峰		振动模式
理论值/cm^{-1}	实验值/cm^{-1}	
318	325	F—C—Br 面外弯曲振动
693	685	F—C—F 面内弯曲振动
1004	1019	C—Br 伸缩振动

　　值得注意的是，以 C$_2$H$_4$BrF（I）分子为基本模型，采用 B3LYP/6-311G ++（3df，3pd）方法计算的拉曼光谱并不能完全解释实验结果。因此，重建了另一种元素相同但构象不同的分子模式[C$_2$H$_4$BrF（II）]。采用相同的方法计算构象 II，并将理论光谱结果再次与两种构象进行对比，可以很好地解释实验得到的每个峰的振动信息，这表明在实验条件下确实观察到 VOCs 分子的不同构象。根据相关参考文献[219-221]，与 C—C 键相连的原子或基团可以围绕其旋转，形成各种旋转构象。每个构象都有一个特定的稳定势能态，围绕 C—C 键的旋转伴随着分子势能的增加，构象异构体将被束缚在一个势能极小值位置处，称为旋转异构体，如图 6-14 所示。为了进一步验证，表 6-2 显示了图中几个峰的振动信息，可以发现，构象 II 的谱线分布比构象 I 分布更为复杂，当然其振动模式也更为复杂。由构象 II 产生的谱线（1，3，4，6，7）的振动模式几乎是弯曲振动（C—H 弯曲振动），它表示 C—C 键在一定角度上的偏转。对于 1000 cm^{-1} 后的谱线，它们可能是两种构象共同作用的结果。具体来说，对于 C$_2$H$_4$BrF 光谱的分析结果，适合光谱指纹图谱的峰包括 3（450 cm^{-1}）、4（574 cm^{-1}）、5（685 cm^{-1}），它们是由官能团的振动产生的，且强度较强。

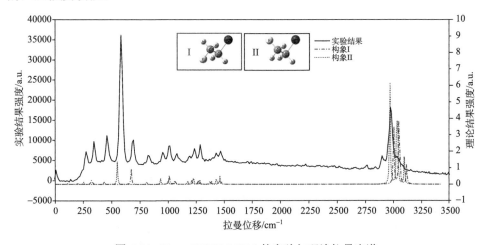

图 6-14　Freon HCFC-151B1 的实验与理论拉曼光谱

表 6-2　Freon HCFC-151B1 分子拉曼光谱特征峰和相应振动模式

特征峰	实验值/cm^{-1}	理论值/cm^{-1}	振动模式
1	268	259 II	C—H 弯曲振动
2	337	329 I	F—C—H 弯曲振动
3	450	441 II	F—C—H 弯曲振动 C—H 弯曲振动
4	574	541 II	Br—C 伸缩振动 C—H 弯曲振动
5	685	686 I	Br—C—H 伸缩振动
6	826	826 II	C—H 弯曲振动
7	944	952 II	C—H 弯曲振动

第7章　大气环境中的硫

近年来，大气环境污染正受到各国政府和人民群众的高度重视，各种污染物造成了一系列严重的环境污染问题[222]，如光化学烟雾、酸雨等。二氧化硫和三氧化硫是大气中重要的挥发性污染物[223]。硫广泛分布于煤、石油和其他化石燃料中，这些燃料及其衍生物在燃烧过程中会排放大量硫化物。此外，人们日常生活中的一些活动，如燃放烟花爆竹等，也会向大气中释放大量二氧化硫气体。如果没有有效的监测和处理，这些大气污染物会严重破坏环境[49,224,225]。例如，二氧化硫在大气中会被氧化成硫酸雾或硫酸盐气溶胶，这是环境酸化的重要前兆。此外，由于硫化物通常对人体有刺激作用，高浓度的硫化物气体会对受污染地区的人们造成很大的伤害。长期接触硫化物会增加患呼吸道疾病和肺癌的风险[89]。因此，开发一种合适的硫和含硫污染物的检测方法至关重要，可为空气质量的评估提供重要参考。

本章共分为两节，7.1 节以含硫有机物甲硫醚为例进行大气环境中硫的定性和定量分析，并对甲硫醚（DMS）的分子结构进行了探测研究；7.2 节则在 LIBS 探测的基础上进一步引入了 SPAMS 技术，以二硫化碳为例实现了对含硫污染物的原位在线检测。

7.1　大气环境中硫的定性和定量分析

化石燃料的大规模应用导致了大量的环境问题，其中含硫燃料的燃烧会释放二氧化硫（$S+O_2 \longrightarrow SO_2$），二氧化硫与水反应生成亚硫酸（$SO_2+H_2O \longrightarrow H_2SO_3$），亚硫酸在空气中会被氧化成硫酸（$H_2SO_3+O_2 \longrightarrow H_2SO_4$）[226-228]。水蒸气在冷凝核上冷凝，形成硫酸雨滴。酸雨会导致土壤酸化，加速土壤矿物养分的流失，显著降低作物产量，破坏混凝土建筑，危害人类健康和生态系统[229]。然而，在线检测大气中硫的有效方法仍然有限。LIBS 是一种典型的用于样品成分分析的光学技术[86,230]。高能脉冲激光烧蚀样品产生的发射光谱提供了样品的元素信息[87,90,130,231]。此外，LIBS 测量不需要预先处理样本，并可以在大气中进行实时检测。

7.1.1　含硫有机物（甲硫醚）定性分析

由于硫元素具有较高的电离能，且其特征谱线相对强度较低，采用 LIBS 对样品中硫元素的探测是一项极具挑战性的工作。目前基于 LIBS 对大气环境中的硫元素的直接探测还暂无文献报道。本部分采用单脉冲强度为 1000 mJ 的激光束直接烧蚀混有空气的 DMS 气体样品，并用光谱仪采集其 LIBS 光谱。再对每十组测量的光谱信号进行平均，以减少激光能量波动的影响与环境噪声影响。DMS 气体样品在 535～570 nm 范围内的 LIBS 光谱如图 7-1 所示。由于 LIBS 探测实验是在大气环境中直接进行，我们在同样的实验条件下对周围环境空气进行了探测实验，其 LIBS 光谱也如图 7-1 所示。根据 NIST 原子数据库对上述波段范围内的特征谱线进行标定，并在图中对其波长进行标记。标定结果表明，在 LIBS 光谱中也明显观察到了来自 DMS 样品中的碳元素和硫元素的特征谱线，这表明通过 LIBS 能够实现对气体样品中硫元素的直接探测。

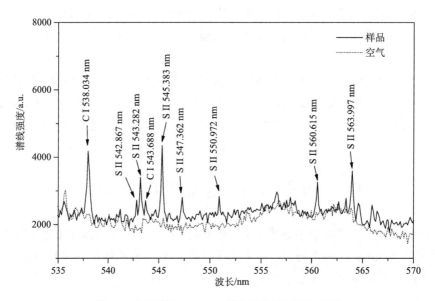

图 7-1　甲硫醚的 LIBS 实验光谱及硫元素特征峰

由图 7-1 能够看出，硫元素的光谱线都为离子特征谱线（S II），且均位于可见光波段范围内。目前关于 LIBS 对于硫的探测研究主要基于位于 VUV 或 NIR 区域中的硫原子特征谱线开展[232,233]，这对光谱采集系统的要求很高。实验中观察到的每条硫元素特征谱线对应的跃迁能级信息如表 7-1 所示，包括自发跃迁概率 A_{ki}，跃迁上能级和跃迁下能级。从表格可以看出，除 560.615 nm 谱线对应于

$3s^2 3p^2$（^{3}P）$4p \rightarrow 3s^2 3p^2$（^{3}P）3d 的跃迁方式，其余谱线均对应于 $3s^2 3p^2$（^{3}P）4p
$\rightarrow 3s^2 3p^2$（^{3}P）4s 的跃迁方式。

表 7-1 硫元素特征谱线信息

种类	波长/nm	跃迁概率 $A_{ki}/10^7 \, s^{-1}$	跃迁下能级（组态，谱项，转动量子数）	跃迁上能级（组态，谱项，转动量子数）
S II	542.867	3.77	$3s^2 3p^2 (^3P)4s$, ^4P , $1/2$	$3s^2 3p^2 (^3P)4p$, $^4D°$, $3/2$
S II	543.282	6.04	$3s^2 3p^2 (^3P)4s$, ^4P , $3/2$	$3s^2 3p^2 (^3P)4p$, $^4D°$, $5/2$
S II	545.383	7.75	$3s^2 3p^2 (^3P)4s$, ^4P , $5/2$	$3s^2 3p^2 (^3P)4p$, $^4D°$, $7/2$
S II	547.362	6.61	$3s^2 3p^2 (^3P)4s$, ^4P , $1/2$	$3s^2 3p^2 (^3P)4p$, $^4D°$, $1/2$
S II	550.972	3.67	$3s^2 3p^2 (^3P)4s$, ^4P , $3/2$	$3s^2 3p^2 (^3P)4p$, $^4D°$, $3/2$
S II	560.615	3.52	$3s^2 3p^2 (^3P)3d$, ^4P , $9/2$	$3s^2 3p^2 (^3P)4p$, $^4D°$, $7/2$
S II	563.997	6.33	$3s^2 3p^2 (^3P)4s$, ^2P , $3/2$	$3s^2 3p^2 (^3P)4p$, $^2D°$, $5/2$

7.1.2 物质状态对探测的影响讨论

目前，基于 LIBS 对硫元素的探测研究大多是针对固体样品开展[234]，且主要
是基于原子特征谱线（S I 921.286 nm）进行相关分析。我们开展的对气体样品的
LIBS 测量中观察到了硫元素的离子特征谱线，这在对固体样品的 LIBS 探测研究
中很少观察到。硫离子特征谱线的存在很可能与样品的状态有关。以前的工作表
明，气体样品的 LIBS 光谱中的离子线强度比固体样品光谱中的相同线强得多。
因此，可以推断出样品的状态对硫的测量有着重要影响。为了验证这一点，在同
样的实验参数条件下，开展对液体与气体 DMS 样品的 LIBS 探测研究。由于液体
样品易流动，不利于直接开展 LIBS 实验，因而将 1 mL DMS 液体样品均匀涂抹
在玻璃基板表面，然后对玻璃和液体样品进行 LIBS 探测分析。同时，为了消除
玻璃基底对 DMS 样品探测分析的干扰，我们还采用 LIBS 探测了不包含样品的玻
璃基板，其光谱如图 7-2 所示。由光谱图可以看出，在玻璃基底的光谱中存在硅
和钠元素的特征谱线。而在含有 DMS 样品的 LIBS 光谱中可以观察到很强的碳元
素特征谱线（C I 247.781 nm），并且其 H_β 谱线比空气 LIBS 光谱中的谱线要更强。
但是，尽管对于液体 DMS 样品的 LIBS 探测是在与气体 DMS 样品的探测完全相
同的实验条件下进行，但仍然无法在光谱中观察到气态样品探测实验中观察到的
硫离子特征谱线。

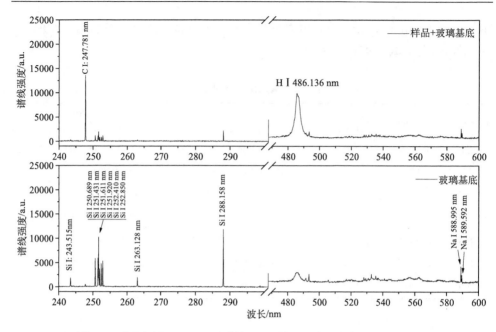

图 7-2　激光能量 1000 mJ 下液体 DMS 样品和玻璃基底的 LIBS 光谱

7.1.3　硫元素定量探测

上述实验证明了采用 LIBS 进行含硫化合物的定性检测是可行的，而硫元素的定量分析是含硫化合物直接在线探测研究的重要一环。为此，我们在本部分中分析建立了用于气体含硫化合物的初步定量探测模型。在 LIBS 实验中，将不同量的 DMS 样品加入到样品池中，以制备用于探测的标准污染物气体（190 mg/L、380 mg/L、570 mg/L、760 mg/L）环境。为了减少外部环境参数变化对于 LIBS 结果的影响，所有 LIBS 探测均在与之前相同的实验条件下进行。

图 7-3 为不同浓度的气态 DMS 样品 LIBS 光谱中硫元素特征谱线变化关系。由图可以看出，随着 DMS 气体浓度的增加，S II 545.383 nm 谱线的强度逐渐增大。以 DMS 浓度为 X 轴，以 545.383 nm 硫线的强度为 Y 轴，得到了空气中硫元素的校准曲线，如图 7-4 所示。

由图 7-4 可以看出，硫元素特征谱线的强度与 DMS 气体的浓度呈线性关系，校正曲线的测定系数 R^2 为 0.986。而且，将 LIBS 应用于未知大气环境中的硫化合物检测时，可以通过将光谱线的强度带入所建立的定量分析模型来计算出样品中的硫元素浓度。此外，同卤素的定量分析一样，根据式（6-5）计算硫元素的 LIBS 检出限。用于定量检测的硫特征谱线（S II 545.383 nm）位于光谱仪的第三通道（450～700 nm）中，因此选择没有明显谱线信号的 450～460 nm 波段作为背景信号，计算其强度标准差。然后根据式（6-5），计算出大气环境中硫元素的检出限为 46 mg/L。

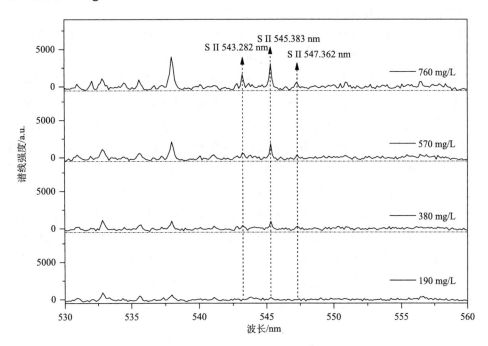

图 7-3　不同浓度的气态 DMS 样品中硫元素特征谱线

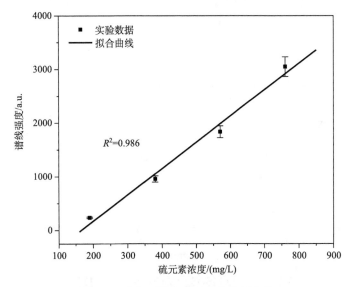

图 7-4　大气环境中硫元素的定标曲线

7.1.4　含硫有机物分子结构探测

分子的结构决定了分子的物理和化学性质，因此在对于含硫化合物元素成分探测的同时，还需要探测其分子结构以确定其物质种类，并评估其对环境的具体危害。例如，乙硫醇（MSDS，CH_3CH_2SH）与 DMS 互为同分异构体，但它们的分子结构和物理化学性质非常不同，然而基于 LIBS 很难对它们进行区分。

本部分通过激光拉曼实验系统对 DMS 样品进行探测，其拉曼实验光谱如图 7-5 所示。从图中可以看出，光谱中存在七个拉曼特征峰，分别对应于 DMS 分子的七种不同的振动模式。为了准确识别拉曼峰对应的振动模式，我们将密度泛函理论应用于拉曼光谱的计算，获得 DMS 分子的理论拉曼光谱，如图 7-5 所示。通过比较实验和理论结果，对其中主要的三个振动模式进行了标记。其中，703 cm^{-1} 的拉曼峰对应于 C—S—C 键的对称伸缩振动，746 cm^{-1} 的拉曼峰对应于 C—S—C 键的反对称伸缩振动，皆源于 C—S—C 键的振动，可作为探测 DMS 分子的光谱指纹信息，根据这些拉曼特征峰可以有效分辨 DMS 分子与 MSDS 分子。此外，基于同样的方法与基组对 MSDS 分子的理论拉曼光谱进行计算，如图 7-5 下部所示。理论分析结果表明，其拉曼光谱中最强的特征峰对应于 C—S 键的拉伸振动（656 cm^{-1}）、S—H 键的拉伸振动（2659 cm^{-1}）和—CH_3 的对称拉伸振动（3030 cm^{-1}）。

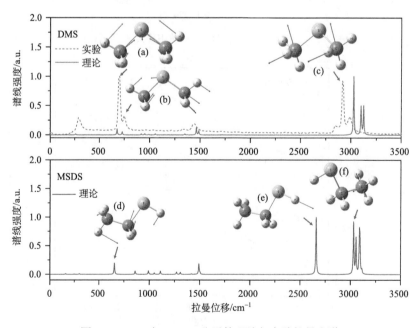

图 7-5　DMS 与 MSDS 分子的理论与实验拉曼光谱

同样，这些拉曼峰可被视为 MSDS 分子的光谱指纹。上述结果也证明了拉曼光谱能够作为相同元素组成分子结构探测的有效手段，是含硫化合物 LIBS 探测的重要补充。

7.2 硫及其同位素的在线探测

SPAMS 技术是一种分析气溶胶样品成分的方法[88,135,235]，可以实时检测单个气溶胶粒子的成分，同时确定不同元素的同位素信息。硫同位素已被广泛用作化学、农业科学和环境科学研究中的示踪剂[236-238]。

使用 LIBS 检测硫存在两个重大挑战。首先，电子激发的硫原子很容易与氧反应。其次，硫最强的 LIBS 特征峰位于真空紫外（125～180 nm）和近红外（780～900 nm）波段内[239,240]。关于用 LIBS 检测硫的出版物目前非常有限。Burakov 等[240]使用双脉冲激光测量了大气中固体硫样品在 480～580 nm 的几个 LIBS 特征峰。Salle 等[241]介绍了他们在二氧化碳环境下的研究。而大气中硫的原位检测还未被研究过[242-244]。本书中，LIBS 系统和 SPAMS 系统被结合起来，用于同时检测样品的光谱和质谱信号。在实验中，我们同时获得了清晰的 LIBS 和 SPAMS 特征峰，并且 $^{32}S^-$、$^{33}S^-$ 和 $^{34}S^-$ 等的同位素丰度比接近自然丰度比。这些结果相互验证了大气环境中硫检测的准确性。

7.2.1 实验装置

本书选用工作波长为 1064 nm 的 Nd:YAG 激光系统作为激发激光器。使用焦距为 50 mm 的平凸透镜将激光束聚焦以烧蚀样品，并将光谱收集到光谱仪中（光谱范围 200～900 nm）。在激光器和光谱仪之间还设置了一个时间延迟发生器。最后，将样品放入具有雾化和蒸发两种模式的雾化器中。

我们之前的论文全面介绍了 SPAMS 实验设备[86-91]。该仪器包括一个用于粒子准直的透镜系统、一个用于粒度测量的双光束激光系统和一个双极飞行时间质谱仪。它可以吸入 0.1～2.0 mm 的气溶胶颗粒并将其聚焦。Nd:YAG 激光器（266 nm）用作激发激光器，脉冲激光将气溶胶粒子电离以获得质谱图。

LOD 是 LIBS 检测的重要指标。LIBS 检测的 LOD 可由式（2-1）计算。

用最强峰（S II 545.38 nm）来绘制校准曲线。在实验中，测量了不同浓度的 CS_2 蒸汽（500 mg/L、750 mg/L、1000 mg/L、1250 mg/L、1500 mg/L），对每种浓度的 CS_2 样品进行 5 次测量，取平均值进行分析。此外，采用 552～554 nm 范围内的 LIBS 光谱计算背景发射的标准偏差。然后，由公式可算得基于 LIBS 检测系统的硫的 LOD 为（47.4±5.1）mg/L，可以满足某些特定环境下的硫检测要求。

7.2.2 利用 LIBS 在线原位检测大气中的硫

在这一部分中，LIBS 被应用于大气环境中硫的直接原位检测，经过雾化和蒸发后，CS_2 溶液转化为气溶胶和气态发散到空气中。

图 7-6 显示了在大气环境中检测 CS_2 气体样品时的 LIBS 光谱。根据 NIST 原子光谱数据库[95]，确定了硫的特征谱线，并在图中的峰值旁边标记了谱线信息。根据图 7-6，观察到了波长 540～570 nm 范围内硫的特征谱线。此外，取 10 组有效实验数据的谱线进行平均和归一化。根据计算，本实验的信噪比为（28.0±1.2）dB（波长：545.38 nm）。

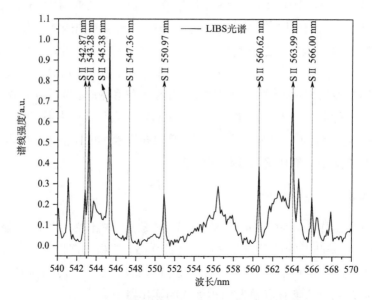

图 7-6　气体实验中 LIBS 光谱中硫的特征峰

图 7-7 为 CS_2 气溶胶样品实验中的 LIBS 光谱。在之前的研究中，我们发现气体样品有时比固体样品和气溶胶样品更容易激发并发射离子谱线[230]。如图 7-7 所示，在 540～570 nm 的波长下，检测到了与气体实验中相同的 8 个 S II 特征峰，但分辨率和相对强度明显低于图 7-6 中的值。此外，经过相同的数据处理后，气溶胶实验中 LIBS 光谱的信噪比为（17.1±4.2）dB（波长：545.38 nm），低于气体实验。

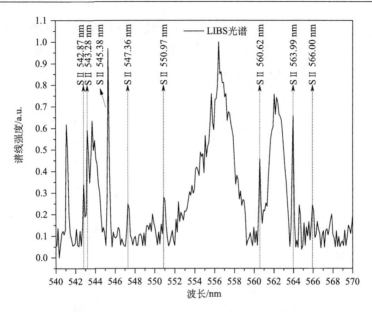

图 7-7 气溶胶实验中 LIBS 光谱中硫的特征峰

采用相同的系统检测未经任何处理的液体 CS_2。在相同的波长范围内，未观察到硫的特征光谱。这些结果证实了我们的猜想，即在高能激光场中，气体样品更容易被激发成离子态并发射离子谱线。

7.2.3 CN 分子带和温度模拟

在 CS_2 的 LIBS 光谱中也发现了 CN 分子带。然而，空气光谱中不存在 CN，因此推断实验过程中可能会发生两个反应并导致 CN 的形成。根据文献[116]，CN 分子很可能是二氧化碳或有机物中的 C 原子与等离子体中空气中的 N 原子直接反应的结果。因此，CN 自由基望成为检测空气中碳化物燃烧的有效方法。高能激光脉冲使空气中的氮气和样品中的 CS_2 解离，出现氮和碳离子，它们可以重组形成 CN 分子，此外，碳原子也可以直接与氮气反应。

温度测量对于研究化学反应过程至关重要。在这项工作中，LIFBASE 是为研究双原子分子和离子开发的光谱模拟软件，用于拟合两个振动带的温度数据[122]。在 LIFBASE 软件中，不断调整振动和转动温度，以使模拟结果与实验结果之间的均方误差最小化。图 7-8（a）和（b）显示了两个结果之间的比较，它们具有很好的一致性。在气态 CS_2 实验中，CN 分子带的振动温度估计为（8200±280）K，转动温度约为（7900±250）K。同时，气溶胶实验中的振动温度估计为（7600±230）K，转动温度约为（7000±210）K。对比图 7-8（a）和（b），气溶胶实验中碳的相对强度（波长：247.94 nm）显著高于气体实验中的碳相对强度，表明实验中气溶胶样品的浓度高于气体样品的浓度。此外，由于硫的特征峰较少，因此选择 740～870 nm 处的氮特征峰绘制 Saha-Boltzmann 图，以估计等离子体温度。经计算，

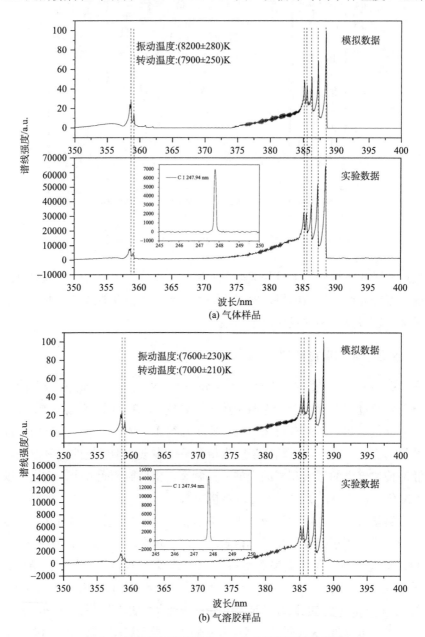

图 7-8　气体和气溶胶样品中 CN 的模拟和实验结果

实验中等离子体温度约为（11000±670）K，这一结果符合我们的预期。无论是转动温度还是振动温度，气体实验都高于气溶胶实验。因此，我们推测，为了检测大气中硫的 LIBS 光谱，提高等离子体温度可能比提高样品浓度更有必要。

7.2.4　使用 SPAMS 技术在线检测大气中的硫

这部分工作中，我们在负离子检测模式下，使用 SPAMS 系统记录粒径在 $200\sim400$ nm 的 CS_2 气溶胶样品的质谱。质荷比为 $31.5\sim34.5$ 和 $75.5\sim77.5$ 区域的质谱如图 7-9 所示，$^{36}S^-$ 谱线因太弱，无法观察到。根据质谱图，气溶胶颗粒中明显存在 $^{32}S^-$、$^{33}S^-$、$^{34}S^-$、$^{12}CS_2^-$ 和 $^{13}CS_2^-$ 离子。它们是 CS_2 气溶胶在强激光场下电离产生的。如质谱图所示，我们确定了三个硫的同位素（$^{32}S^-$、$^{33}S^-$、$^{34}S^-$）的特征峰和两个对应于碳同位素（$^{12}CS_2^-$、$^{13}CS_2^-$）的特征峰。表 7-2 列出了这些峰的强度比以及硫和碳的自然丰度比。实验中硫的每个同位素的丰度比都非常接近自然丰度比，这也排除了可能干扰实验结果的具有相同质量数（$^{16}O_2^-$）的其他物质。

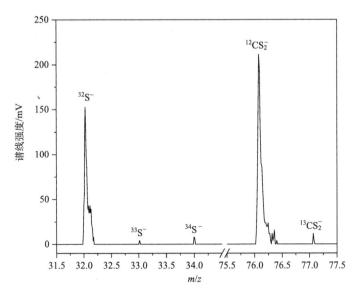

图 7-9　SPAMS 质谱中的硫特征峰

表 7-2　硫和碳的同位素丰度　　　　　　（单位：%）

项目	^{32}S	^{33}S	^{34}S	^{36}S	^{12}C	^{13}C
自然丰度比	95.02	0.75	4.21	0.02	98.89	1.11
实验丰度比	97.51	0.70	1.79	—	98.73	1.27

　　在本节中，LIBS 和 SPAMS 技术被用于大气和气溶胶中硫原子的原位检测。在最佳实验条件下，确定了 LIBS 光谱中硫的特征谱线。同时，还在 LIBS 光谱中观察到了 CN 分子带，并通过 LIFBASE 软件模拟得到了 CN 分子在实验过程中的振动和转动温度。在进行 LIBS 检测的同时，在气溶胶样品上进行了 SPAMS 实验。获得的质谱显示，CS_2 分子中的硫及其同位素有数个特征峰，并根据峰强度计算了硫与碳同位素的丰度比。结果表明，LIBS 与 SPAMS 技术相结合可以实现大气和气溶胶中硫原子的原位检测和快速分析，对保护环境和人类健康具有重要意义。

第8章 大气湿沉降下的土壤作物与近海藻类研究

大气沉降是指大气中的污染物通过一定的途径被沉降至地面或水体的过程，是陆源污染物和营养物质向海洋输送的重要途径。因此，研究大气传输并解析污染物来源，对了解污染物质的地球化学循环过程及重金属污染防治都有着积极的意义[245]。大气沉降对土壤和近海重金属累积的影响包括湿沉降与干沉降两部分，湿沉降是指由于大气中的水凝物（如云、雾、雨、雪和冻雨等）降落，将空气中的气溶胶粒子携带至地表植被、土壤和水面的过程[246]。本章主要研究大气湿沉降下的土壤作物与近海藻类。

大气湿沉降是土壤重金属污染的途径之一，生产活动产生的大量重金属气体和粉尘基本上是以气溶胶的形态进入大气，由于降水冲刷而沉降进入土壤[247]。而近海海域直接受海-气交换的影响，毗邻沿岸污染源和内陆的大气污染物通过大气沉降进入近海水体。其中，含氮、含磷化合物及铁等营养物质的大量输入有可能导致赤潮的爆发，重金属和一些有毒有机物对海洋生态系统和海洋环境也会产生不良影响。这些物质随着在生物体内的富集，在生物链中的浓缩、传递，最终将对人类健康造成严重威胁[248]。

本章以重金属元素铅为例，模拟大气湿沉降对土壤、近海海水的重金属污染。通过探测以藏红花、茶叶为代表的土壤作物，以海带、紫菜为代表的近海藻类所受到的铅污染程度，来间接反映大气湿沉降对土壤、近海海水的重金属污染影响。

8.1 茶叶重金属污染研究

茶叶是由茶树的叶子或芽制成的，在茶树的生长过程中，可能间接或直接受到大气沉降的重金属污染，大气沉降中的重金属可能在污染土壤和水源后进入茶叶，或直接被茶树地上部分吸收[6]。重金属可以附着在大气颗粒物上，对生态环境和人类健康构成巨大的威胁。随着大气沉降过程，大气中的重金属会污染土壤、水源等，并进一步在一些植物内富集，形成重金属污染。茶叶作为一种重要的经济作物，由其制成的饮料一直十分流行。茶叶取材于茶树，而茶树在生长过程中可能会直接或间接地受到大气沉降造成的重金属污染影响，即大气沉降中的重金属直接污染茶叶或污染土壤和水源后被茶树吸收[149]。当重金属元素在茶叶中富集到一定程度时，浸出食用后会对人体造成很大的危害。因此，对茶叶等作物中的重金属进行检测和分析具有重要意义。本节主要基于 LIBS 对茶叶中的元素进行检测，并对重金属 Pb 进行了定量分析等[250]。

8.1.1　实验装置与样品制备

基于 LIBS 的茶叶检测装置主要由一台调 Q 的 Nd:YAG 脉冲激光器、一台多通道光纤光谱仪、一台延时触发装置、一套由反射镜和聚焦透镜构成的光学系统、一台计算机以及一个可以升降的位移台组成。激光器输出脉冲的中心波长为 1064 nm，脉宽为 8 ns，重复频率为 10 Hz，单脉冲能量约 100 mJ。经过反射镜和聚焦透镜，脉冲激光聚焦到样品表面，烧蚀样品产生等离子体。通过探头收集激光等离子体的辐射信号，经过光纤耦合进入配有 CCD 的光谱仪中，由计算机中的配套软件处理并记录光谱数据。其中，光谱仪的分辨率小于 0.1 nm，可检测光谱范围为 235~775 nm。实验中，检测延迟经过优化被设置为 1.5 μs。

本书实验中使用的茶叶来自贵州省黔南布依族苗族自治州贵定县云雾镇鸟王村，被称为鸟王茶。这里进行检测的靶材包括原始茶叶和含铅的茶叶两类。其中，原始茶叶靶材直接经干燥、研磨和压片制得。对于含铅的茶叶，先利用乙酸铅试剂粉末配置四种浓度不同的溶液，加入等量的不同份茶叶粉末中制成 Pb 浓度分别为 1%、0.1%、0.01% 和 0.001% 的四种茶叶样品，模拟大气沉降等造成的茶叶中重金属 Pb 的富集。接着，将四种 Pb 浓度不同的茶叶样品置于干燥箱内烘干，再通过研钵将其分别研磨成粉状，使得茶叶样品中的元素分布均匀。最后，利用压片机将不同样品粉末压制成直径 10 mm、厚度约 5 mm 的圆片作为靶材，以在 LIBS 检测中得到较好的信号。

8.1.2　茶叶中的元素

原始茶叶样品的等离子体发射光谱如图 8-1 所示。通过查阅 NIST 数据库[95]以及与一些高纯度元素样品的检测结果进行比对，对茶叶光谱中的各种特征谱线进行了识别和标定。图中可以明显观察到一些金属元素的特征谱线，包括 Na、Mg、Al、Ca、K、Mn、Fe、Cu、Ti、Li、Sr。这些元素大部分是对人体有益的微量金属元素，如 Cu、Fe、Mn 等，饮茶对人的某些保健作用就是通过茶叶中的这些矿物质元素产生的。

进一步分析发现，Na、K、Ca 和 Mg 的谱线强度较高，一定程度上说明该茶叶中的这四种金属元素含量相对较高，这可能与茶叶独特的生长环境有关。根据有关资料[251]，当地基岩中富含 Mg、Fe、Mn 等元素，还有富含 K^+、Na^+、Mg^{2+} 等多种营养元素的优质地下水源。

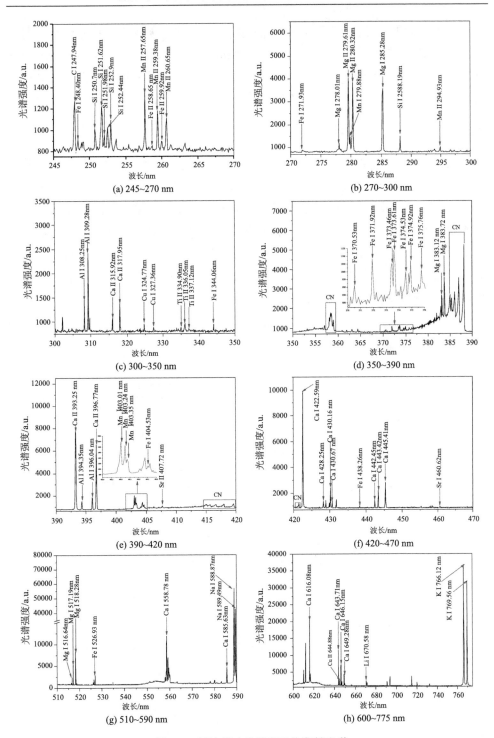

图 8-1　原始茶叶的等离子体发射光谱

此外，检测结果中出现了 C 和 Si 的原子发射谱线。实验中也清晰地观察到了 CN 分子的发射带[113,252]，分布在 357～360 nm（$\Delta v = 1$）、384～389 nm（$\Delta v = 0$）和 414～422 nm（$\Delta v = -1$）三个范围内。脉冲激光烧蚀茶叶样品表面产生等离子体中的碳原子或离子可能与环境空气中的 N_2 反应，形成 CN 分子并辐射信号。

8.1.3　Pb 的定量分析与检测限

LIBS 的检测结果中，在 405.7 nm 处可以清晰地观察到 Pb 的一条原子发射谱线，选择它作为研究对象。同样的实验条件下，靶材中某种元素的浓度越高，其对应特征峰的强度一般越大，据此可以对样品中特定的元素进行定量分析，即根据不同样品（某种元素含量不同）的检测结果探究该元素的浓度和特征峰强度之间的关系。图 8-2 所示为 Pb 浓度不同的茶叶靶材的检测结果，其中，Pb 在 405.7 nm 处的原子发射谱线（Pb I 405.7 nm）被标识在图中。结果显示，随着浓度的增加，Pb 的特征谱线强度也会变大。

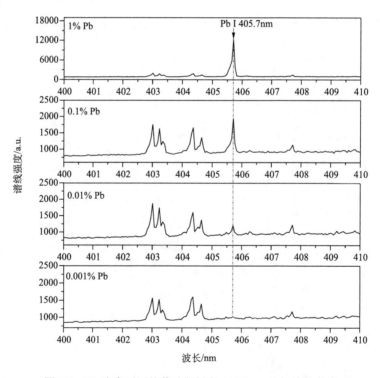

图 8-2　Pb 浓度不同的茶叶靶材在 405.7 nm 处的特征谱线

根据 Lomakin-Scheibe 方程，以 Pb 的浓度作为自变量，相对谱线强度作为因变量，可以通过拟合得到茶叶靶材中 Pb 的定标曲线，如图 8-3 所示。结果显示，Pb 的浓度和谱线强度线性关系很好，R^2 达到 0.99983。根据该定标曲线，只要获得茶叶样品中相关特征谱线的强度，就能推测出其中 Pb 的浓度。因此，LIBS 在大气沉降重金属检测方面具有一定的应用空间，可以用于分析受到污染的茶叶中 Pb 的含量。

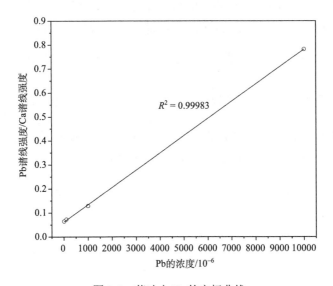

图 8-3　茶叶中 Pb 的定标曲线

在 LIBS 中，背景光是对元素进行定性和定量分析时的重要干扰因素，可能对元素特征谱线的识别和含量的标定产生不利影响。当被检测的样品中某种元素含量较低时，其特征谱线的强度可能和背景光相当，进而导致信号可能淹没在背景噪声中，难以进行识别和标定。本实验中，当茶叶样品中 Pb 的含量为 10 ppm 时，由于背景光等的影响便不太容易被识别。因此，需要通过计算 Pb 定标曲线的检出限，得到对茶叶中 Pb 能够进行定量分析的大致范围。LIBS 的检出限可以表示为

$$\alpha_{\mathrm{LOD}} = \frac{3\sigma}{k} \tag{8-1}$$

式中，σ 是检测得到的光谱中背景光强度的标准差值；k 是对元素进行定量分析时得到的定标曲线的斜率。

由于本实验采用内标法对 Pb 元素进行定量分析且选取了 Ca 作为参考元素，

故以背景信号相对于 Ca 在 422.6 nm 处原子发射谱线的强度计算得标准差值 σ。背景光波段选择 389~393 nm，计算得到 Pb 的检出限为 48.4 mg/kg。

8.1.4　电子温度与电子数密度

如果实验中产生的等离子体处于 LTE 状态，且呈光学薄，则满足 Saha-Boltzmann 方程[98]。

以 Pb 浓度为 1% 的茶叶样品的检测结果为例，根据光谱中 Pb 在 357.2 nm、363.9 nm、368.3 nm 和 405.7 nm 处四条特征谱线的数据计算温度。从 NIST 数据库[95]获得 E、A_{ij} 和 g_k 的值，进一步计算得到 $\ln\left(\dfrac{I_{ij}}{A_{ij}g_k}\right)$，将其作为因变量，$E$ 作为自变量，利用线性回归的方法得到式（2-2）描述的直线斜率，即 $-\dfrac{1}{K_B T}$，从而可以计算得到实验中等离子体的 T。通过拟合得到图 8-4 中的直线，斜率为–1.27565，计算得到实验中茶叶等离子体的电子温度约为 9097 K。

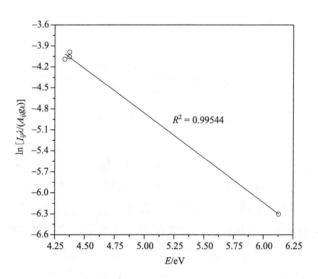

图 8-4　茶叶中 Pb 的 Saha-Boltzmann 图

选择 405.7 nm 处 Pb 原子发射谱线的相关数据，通过洛伦兹拟合后得到其特征谱线，如图 8-5 所示。拟合后得到谱线的半峰全宽约为 0.08329 nm，根据式（2-4）计算得到实验中的电子数密度为 4.896×10^{16} cm^{-3}。

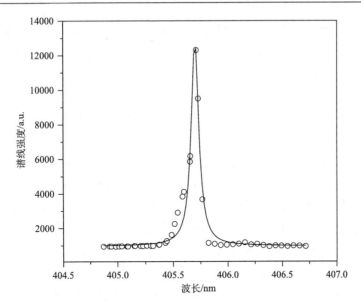

图 8-5　特征峰 Pb I 405.7 nm 的洛伦兹拟合曲线

8.1.5　局域热平衡状态验证

实验中激光等离子体处于 LTE 状态是定量分析的前提[97]，根据 McWhirter 准则，即式（2-5），对于上述 Pb 的四条特征谱线，ΔE 为 3.469 eV。同时，已知电子温度 T 为 9097 K，求得电子数密度的阈值为 6.371×10^{15} cm^{-3}，小于由 Pb 谱线的 Stark 展宽得到的 N_e，即成功验证 LTE 状态。因此，本实验中可以对 Pb 进行定量分析。

8.1.6　小结

首先基于 LIBS 对茶叶中的元素进行了检测，结果中出现了 C、Si、Na、Mg、Al、Ca、K、Mn、Fe、Cu、Ti、Li、Sr 的发射谱线。同时，也在茶叶的等离子体发射光谱中观察到了 CN 分子 $\Delta v = \pm 1$ 和 $\Delta v = 0$ 的发射谱带。接着，模拟检测了受到不同浓度 Pb 污染的茶叶中重金属，并对 Pb 进行了定量分析。随着浓度的增加，Pb 的特征谱线强度也会变大。根据 Pb 在 405.7 nm 处的原子发射谱线强度，以 Ca 在 422.6 nm 处的谱线为参考，采用内标法得到茶叶中 Pb 浓度的定标曲线，线性相关系数达到 0.99983，进一步计算得到 LIBS 对茶叶中 Pb 的检出限为 48.4 mg/kg。根据 Pb 在 357.2 nm、363.9 nm、368.3 nm 和 405.7 nm 处的 4 条特征谱线和 Saha-Boltzmann 方程得到等离子体温度为 9097 K，由 Pb 在 405.7 nm 处发射谱线的 Stark 展宽得到电子数密度为 4.896×10^{16} cm^{-3}，并通过 McWhirter 准则验证了实验中检测的等离子体处在局域热平衡状态。上述内容验证了 LIBS 检测重金属的可行性和潜力。

8.2　藏红花重金属污染研究

传统中药在现代医学中发挥着重要的作用[253,254]，世界各地对传统中药药理特性的研究愈发推进[255]。药品研究需要在分析有益成分的前提下，考虑其副作用（如有毒重金属元素过多）和市场竞争中的掺假现象[256-258]。传统中药的药效与它吸收的有益元素和合成的化合物密切相关[259]。土壤及大气沉降物中的重金属会通过根系吸收和叶面吸收方式在植物体内富集，对人体健康带来潜在危害[260]。藏红花是传统中药之一，有很多治疗效果，如治疗神经退行性疾病、调节血糖和血脂、治疗呼吸系统疾病等[261]。由于重金属在不同植物器官的积累程度不同，为探究大气湿沉降对土壤的金属污染，本节以中药藏红花为例[262]，模拟大气湿沉降下受不同程度重金属污染的藏红花，而后对藏红花特定敏感器官进行元素探测。在局域热平衡理想条件下，元素粒子浓度与特征峰强度之间呈单变量关系，可通过藏红花间接了解大气湿沉降对土壤重金属污染的影响。

8.2.1　实验装置与样品制备

对于目标样品的光学激发，我们使用了一个高功率的调 Q Nd:YAG（钇铝石榴子石）激光器，其脉冲持续时间为 10 ns，重复率为 10 Hz，工作在波长 1064 nm 的基本模式下，脉冲能量为 260 mJ。通过使用焦距为 5 cm 的石英（凸面）透镜，将激光束聚焦在放置在大气压下的目标样品上。当激光被聚焦时，在样品表面形成一个直径约为 100 μm 的光斑。透镜和样品之间的距离小于透镜的焦距。等离子体发射信号由四通道耦合的光纤光谱仪收集。光谱仪窗口的范围为 210～890 nm，光谱分辨率为 0.1 nm。检测器通过使用触发控制单元与 Nd:YAG 激光器同步。光谱仪和 Nd:YAG 脉冲之间的延迟被设置为 1.5 μs。对每个样品收集了 100 组测量光谱的平均值。

作为目标材料，藏红花是从一家中药店购买的，没有经过任何特殊处理。图 8-6 显示了每种原材料的来源和真实对象。萝卜丝和玉米须通常被用作假藏红花，从农贸市场购买。用镊子取出表面的丝后将样品放在烧杯中，将其放入烘干机中烘 30 min，以去除表面水分。为了模拟大气湿沉降，铅和铜的饱和溶液分别用乙酸铅和无水硫酸铜配置。通过梯度稀释，将溶液的浓度稀释为四个梯度，分别是 100%的饱和溶液浓度、10%的饱和溶液浓度、1%的饱和溶液浓度和空白实验（0%）。藏红花被溶液不连续地冲刷 3 min，然后在烘干机中烘干 30 min。

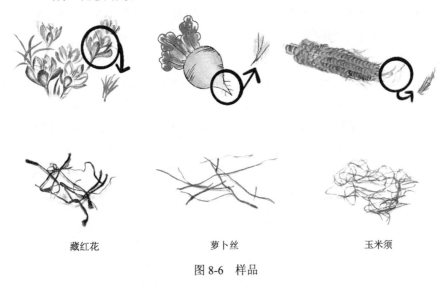

藏红花　　　　　　　　萝卜丝　　　　　　　玉米须

图 8-6　样品

8.2.2　藏红花元素的在线原位检测

为了突出原位快速检测的特点，直接在空气中检测藏红花（未经任何处理）。为避免藏红花的发射光谱受空气的影响，事先在实验环境中收集了实时空气光谱。藏红花的全部发射光谱覆盖了 210～890 nm 的波段，被分成不同的小光谱区域，用于识别指纹过渡线。强度最高的光谱线被归一化到所有数据中作为标准。参照 NIST 数据库[95]相关数据，图 8-7 显示了元素的鉴定结果。该光谱是以发射光谱线的波长与强度的形式出现的。

根据确定的光谱线，藏红花中的元素包括 Ca、Fe、Mg、Al、Mn、Sr、Ba、Ti、Na、K、P、Si。通过与空气光谱的比较，两个光谱中的 H、O 和 N 光谱线的强度非常接近，而且它们几乎占据了 655～880 nm 的相同波长范围。可以推断，藏红花光谱中的大部分 H、O 和 N 线来自空气（氧气、氮气和少量的水蒸气）。还可以观察到 CN 分子带，它们主要由空气中的 N 和藏红花中的 C 形成。可以证明 LIBS 能够成功应用于中药元素的实时现场检测。

8.2.3　藏红花中有毒重金属元素的检测

近年来，重金属造成的大气污染已经成为一个严重的问题，沉积在气溶胶表面的金属元素的数量也在增加。植物中 Cu 和 Pb 的浓度对其根部生长和呼吸有重要影响。重金属的过量存在会增加聚集性、致癌性和诱变性，从而进一步引起植物变异和人类疾病。在本实验中，Pb 和 Cu 作为外源重金属元素被引入藏红花中。

图 8-8 和图 8-9 分别代表含有 Cu 和 Pb 的藏红花光谱。浓度从高到低，每个不同元素的光谱被分为四组（a、b、c 和 d）。通过比较特征峰强度，可以看出这两种元素表现出类似的特性。图 8-8 显示，藏红花光谱中包括的 Cu 的代表线为 324.745 nm、327.396 nm、510.554 nm、515.324 nm 和 521.820 nm。图 8-9 显示，Pb 的代表线包括 363.957 nm、368.346 nm、405.781 nm 和 406.214 nm。特征峰的强度随着溶液浓度的增加而按比例增加。同时，它们的强度增强对其他元素的谱线强度影响很小，因而 Ca（422.672 nm）和 Mg（516.732 nm、517.268 nm 和 518.360 nm）的谱线被用作参考线。这项工作说明可以将 LIBS 应用到藏红花中

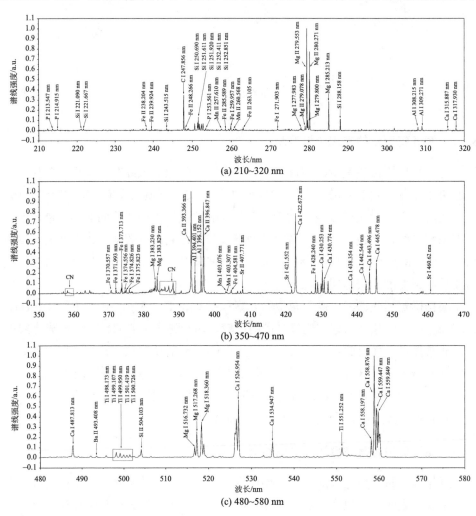

(a) 210~320 nm

(b) 350~470 nm

(c) 480~580 nm

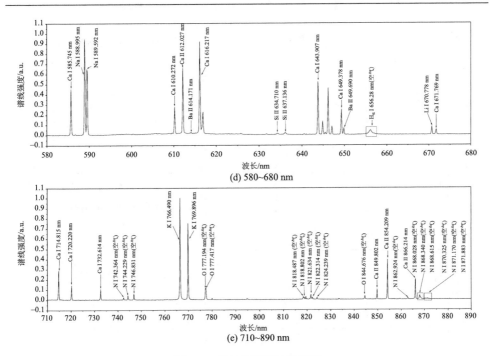

(d) 580~680 nm

(e) 710~890 nm

图 8-7   藏红花不同波段光谱

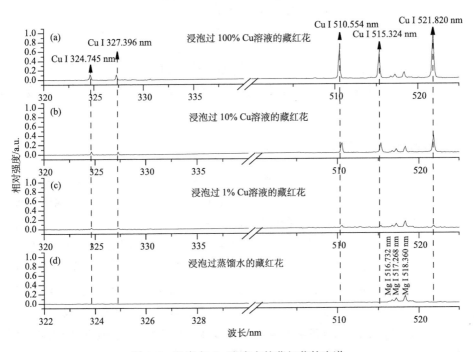

图 8-8   浸泡在 Cu 溶液中的藏红花的光谱

（a）100%的饱和溶液；（b）10%的饱和溶液；（c）1%的饱和溶液；（d）蒸馏水

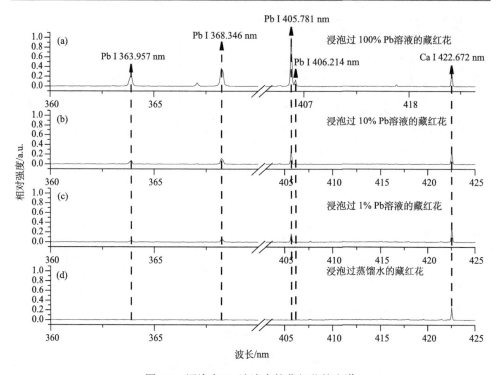

图 8-9　浸泡在 Pb 溶液中的藏红花的光谱

（a）100%的饱和溶液；（b）10%的饱和溶液；（c）1%的饱和溶液；（d）蒸馏水

重金属的检测中。需要特别注意的是，在实际生产条件下 Cu 和 Pb 的浓度不会达到实验中那样的极端水平。由于铅的检测极限约为 10 ppm，在定量分析实验的前提下可以用它们来估计检测水平。

8.2.4　真假藏红花的鉴别

　　基于聚类模式分析，可以克服通过外观和颜色区分真假藏红花的困难。不同植物中元素的种类和含量是不同的，这成为 LIBS 分析的基础。本实验中，对准备好的萝卜丝、玉米须和藏红花样品进行了多次测试，因为激光不能一次性与样品的所有部位直接作用。每种靶样选取 10 组相近光谱作为训练集，输入 PCA 模型进行进一步测试，如图 8-10（a）得到主成分的累计贡献率。有两种分析 PCA 模型的方法：①多种元素的特征谱线；②一定长度的波长范围（包含有限数量的元素特征线）。而通过比较三种靶样的光谱，可以确定特征光谱线。首先选择 P、Si、C、Fe、Mg、Al 和 Ca 的特征谱线作为变量，因为它们是植物中的主要元素，而且这些元素的含量在不同植物中差异很大。图 8-10（b）显示了在不同地点收

集的三个样本。用椭圆曲线来拟合每个样品的近似分布，藏红花的区域与萝卜丝
有重叠，而玉米须的区分度比其他两组好。

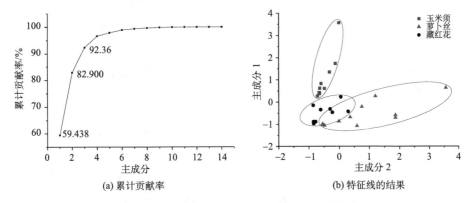

(a) 累计贡献率　　　　　　　　　　　(b) 特征线的结果

图 8-10　真假藏红花分类的主成分分析结果

　　除了离散的数据选择外，另一种方法是连续的数据选择。图 8-11（a）显示了
一个小的波长范围（426.579~432.934 nm）的结果，它包含了 Ca 和 Fe 的多条线。
由椭圆曲线拟合的范围仍然非常接近，但没有重叠。波长范围　107.754~
322.238 nm（通道 1 的全部），如图 8-11（b）所示，样品的分布范围有明显的变
化。通过图 8-11（a）、图 8-11（b）的比较可以发现，随着变量数量的增加，分
辨率的影响变得更加明显。因此，为了在短时间内实现对藏红花的快速识别，变
量的选择标准可以是小范围内的几条特征线，但同时识别的准确性会下降。相反，
选择宽范围的波长可以达到更好的分辨率，但要付出很大的时间成本。此外，可
以加入其他机器学习方法来改进 LIBS 聚类分析算法，如随机森林等。

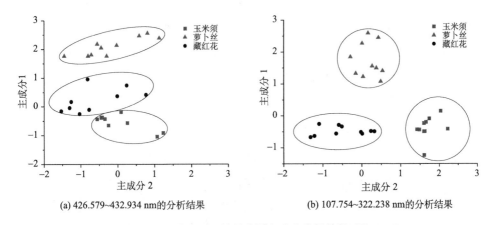

(a) 426.579~432.934 nm的分析结果　　　　(b) 107.754~322.238 nm的分析结果

图 8-11　选取不同波长范围主成分分析结果对比

8.2.5　小结

本节成功地利用 LIBS 以及 PCA 对藏红花元素进行了检测和鉴别，证明了藏红花元素的种类和含量与其他植物不同。在原位在线检测的情况下，藏红花中发现的主要元素是 Ca、Fe、Mg、Al、Mn、Sr、Ba、Ti、Na、K、P、Si。在重金属的在线检测中，在被检测的藏红花中也可以看到 Cu 和 Pb 的光谱线，元素粒子浓度与特征峰强度之间呈单变量关系，即可以通过特征峰强度了解藏红花特定器官中某种元素的浓度。通过模拟大气湿沉降下受污染的藏红花样品，间接探究大气湿沉降对土壤的重金属污染程度。事实证明，LIBS 可以应用于检测大气污染积累的重金属。

8.3　海洋藻类的有毒重金属的快速探测

大气重金属污染是一类主要的污染问题。重金属元素不但严重破坏大气环境，更会随着大气沉降进入地面或水体，对海洋和陆地生物造成重金属污染[263]，进一步破坏陆地与海洋的生态环境。本节选取海带这一生活中常见的藻类营养食品[264]，通过设计的探测系统对其中的有毒重金属元素进行激光探测。

8.3.1　海藻样品制备

本节实验中分析的海藻样品全部为产自东海的海带。为了获得更好的 LIBS 信号，将海带样品在干燥柜中干燥 24 h。此外，为了定量分析受污染海水中海带中 Pb 的浓度，我们制备了 9 种不同浓度的乙酸铅溶液，这些溶液的浓度分别为 2%、1.5%、1.2%、1%、0.8%、0.6%、0.5%、0.1%、0.02%。然后将完全一样的海带样品浸入配制好的 Pb 溶液中并放置 5 d。然后，将这些海带样品在检测前也同样地在干燥柜中干燥 24 h。此外，我们还制备了 0.01% 的 Pb 溶液，并将其中的 200 g Pb 溶液滴在海带样品的表面，待表面上的液体被海带完全吸收后，将样品干燥再进行 LIBS 试验。

8.3.2　普通海带 LIBS 光谱分析

波长偏移是采用光谱仪进行测量时的常见现象，需要对光谱进行校准，才能准确地对特征谱线进行标定。为此，将纯铅块标准样品作为 LIBS 实验靶样，获得纯铅块的 LIBS 光谱。然后将纯铅光谱谱线的波长与 NIST 原子光谱数据库[7]中对应的谱线波长进行比对分析，再根据其误差对光谱进行校准。普通海带的光谱如图 8-12 所示，基于 NIST 数据库对采集的 LIBS 光谱中的谱线进行标定，将谱线对应信息标注在图中。

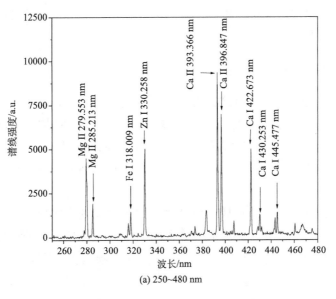

(a) 250~480 nm

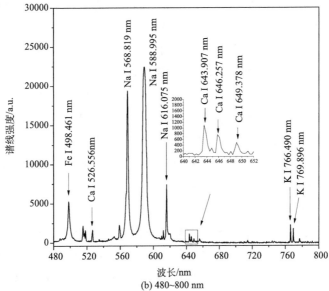

(b) 480~800 nm

图 8-12　普通海带不同波段光谱图

由图 8-12 可以看出 Fe I（318.009 nm、498.461 nm），Na I（568.819 nm、588.995 nm、616.075 nm），Ca I（422.673 nm、430.253、445.477 nm、526.556 nm、643.907 nm、646.257 nm、649.378 nm），Ca II（393.366 nm、396.847 nm），Mg II（279.553 nm、285.213 nm），K I（766.490 nm、769.896 nm），并且可在光谱中清楚地观察到 Zn I（320.258 nm）。

8.3.3　海带的铅元素定量分析

海带对于重金属元素具有很强的生物富集能力[265]，可以从浓度极低的金属离子溶液中吸附金属元素。海带对于水溶液中重金属离子的吸附能力远远高于沸石分子筛、碳分子筛等其他类型的吸附剂[266]。海带的细胞可以提供氨基、羧基、醛基、羟基等多种功能基团与金属离子配合[267]，因此水溶液中的重金属离子将被逐渐吸附在其表面。

在本项工作中，海带被用作吸附溶液中 Pb 元素的生物吸附剂，我们将通过探测海带中的 Pb 浓度来反映海水中的 Pb 浓度。研究表明，海带和其他藻类对金属离子的吸附不是一个简单的吸附、沉积或离子交换过程，而是一个复杂的物理、化学和生物过程，是各种机制协同作用的结果[265]。海藻的细胞结构和富集离子的不同性质决定了吸附过程的速率和选择性。为了排除不同生物吸附过程对探测分析的影响，本小节中实验使用的海带样品均来自同一个地方，属于同一品种，因此可将海带样品的吸附过程视为是相同的。

为了准确标定浸泡在 Pb 溶液中的海带光谱中 Pb 的特征谱线，我们利用 LIBS 探测系统对纯铅块进行激光诱导击穿实验，并获得其特征光谱，通过比较两者的光谱就可以轻松准确地标定属于 Pb 元素的特征谱线。图 8-13 为普通海带、0.5% Pb 溶液浸泡的海带与纯铅块在 350～450 nm 波段的光谱图。通过比较这三个光谱，可以很容易地标定浸入 0.5% Pb 溶液中的海带光谱中的五条谱线（357.272 nm、363.956 nm、368.346 nm、373.993 nm、405.781 nm）。在此基础上，选择这五条相邻光谱线作为定量分析的对象。

为了进行定量分析，采用内标法测定溶液中 Pb 的浓度。图 8-13 显示了五条谱线的相对强度。如图所示，铅元素特征谱线相对强度随着 Pb 溶液浓度的增加而增强。将 Pb 元素的五条特征线的强度求和[$\Sigma I_{Pb}/I_{Na}$（588.995 nm）]作为 Pb 谱线的强度。将 Pb 溶液的浓度作为自变量，选择 $\Sigma I_{Pb}/I_{Na}$（588.995 nm）作为因变量，得到校准曲线。

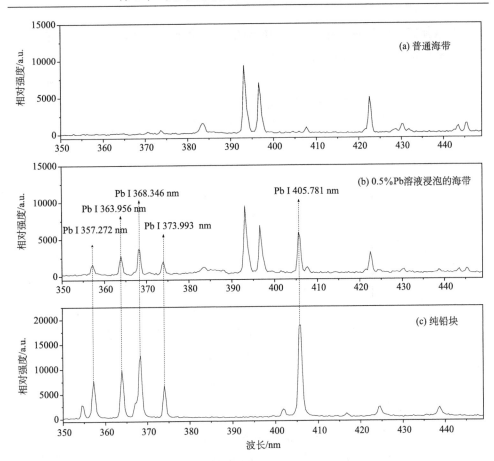

图 8-13 普通海带、0.5%的 Pb 溶液浸泡的海带与纯铅块在 350~450 nm 波段的光谱图

Pb 元素定标曲线如图 8-14 所示。相对强度与 Pb 元素浓度的线性相关系数（R^2）为 0.98631，这也能说明海带 LIBS 光谱中的 Pb 谱线强度与相应溶液中的 Pb 浓度呈线性关系。因此可以认为，可以通过本 LIBS 探测系统对近海海域中海水的 Pb 浓度进行快速定量分析。LIBS 的检出限在定量分析中也是一个重要参数，考虑到在受污染的近海海域中的 Pb 浓度可能非常低，因此验证 LIBS 探测系统在轻度铅污染下的检测能力是非常有必要的。但是真正铅污染海水环境中的海带在海水中生长数月甚至数年，海带的 Pb 含量可以达到海水中 Pb 浓度的几倍。然而，本实验中的海带样品浸在模拟污染海水中的时间很短，吸附过程并未完全进行，海带样品的 Pb 元素浓度仍然远低于制备溶液中的 Pb 浓度，因此还需要准确计算海带中的 Pb 元素含量。因此，我们将 200 g 的 0.01% Pb 溶液滴在海带样品表面，

然后在液体完全吸收后将样品放入干燥箱中待完全干燥取出称重。经过计算得出，海带样品中的铅元素浓度约为 1 mg/L。

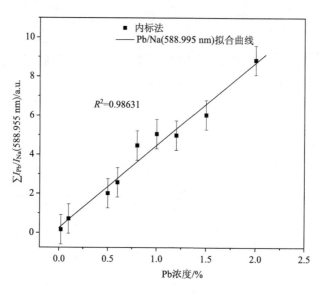

图 8-14　Pb 元素定标曲线

图 8-15 为普通海带与含有 1 mg/L Pb 和 10 mg/L Pb 的海带样品在 350～407 nm 波段内的光谱。如该图所示，尽管在 10 mg/L Pb 的海带样品的光谱中不能观察到 357.272 nm 处的光谱线，但在 363.956 nm、368.346 nm 和 405.781 nm 处的这三条 Pb 元素的特征谱线总是强于之前实验中的 Pb 的特征光谱线。而在 1 mg/L Pb 的海带样品光谱中，这三条光谱线是不可辨别的。因此，根据这三条线（363.956 nm、368.346 nm 和 405.781 nm），利用 LIBS 探测系统分析海带中 10 mg/L 浓度下的铅元素。

根据上述分析，通过比较含有 1 mg/L 和 10 mg/L Pb 的海带样品光谱，可以推断出本探测系统对海带中 Pb 元素的检出限在 1～10 mg/L，这也能够说明 LIBS 的重金属快速探测系统可用于快速探测铅污染的近海海水的 Pb 元素浓度。

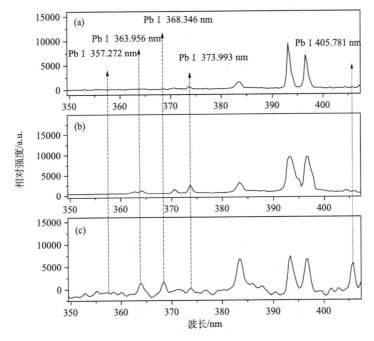

图 8-15　普通海带与含 1 mg/L 和 10 mg/L Pb 元素海带在 350～407 nm 波段的光谱图

（a）普通海带；（b）1 mg/L Pb 溶液浸泡的海带；（c）10 mg/L Pb 溶液浸泡的海带

8.4　紫菜和近海海水污染

　　大气沉降是陆源污染物和营养物质向海洋输送的重要途径，大气污染物在全球尺度上向海洋输送的污染物质的通量通常大于河流向海洋的输送，在远离人类活动影响的大洋中，大气输送的物质占很大的比重，而在受人类活动影响比较大的近岸海域，大气污染物也是陆源污染物的重要来源[248]。通过大气沉降途径向海洋输入的 N、P 营养盐，尤其是重金属在海洋生物体内富集，人类食用后会在某些器官中累积造成慢性中毒。因海水具有流动性，近岸海域人为排放的局部重金属污染物扩散缓慢且分布不均，化学监测具有滞后性等诸多弊端[268]。而生物标记物已经在环境评价中作为污染物暴露和毒性效应的早期预警工具被广泛使用[269]。在这项工作中[270]，由于紫菜的生物富集作用，相比直接对水体进行元素探测，条斑紫菜中的重金属含量相对较高更易于探测，能够灵敏反映海域污染状况，为传统近岸海域监测做出有力补充。本节以重金属元素 Pb 为例，通过对紫菜光谱中 Pb 元素强度的分析来间接反映紫菜所处的近海海水中的 Pb 浓度。

8.4.1　实验样品与装置

本节实验选用的条斑紫菜来自黄海近海。为了获得更好的 LIBS 信号，将紫菜样品在干燥箱中干燥 30 min。为研究条斑紫菜在不同含 Pb 浓度的近海海水中光谱的差异，使用乙酸铅配置了 Pb 的饱和溶液，通过梯度稀释将溶液的浓度分为 4 个梯度：饱和溶液、饱和溶液浓度的 10%、饱和溶液浓度的 1%、饱和溶液浓度的 0.1%。将紫菜样品浸泡在溶液中 1 h 后拿出，再次干燥 30 min，得到含铅紫菜样品。

实验所用激光器为高功率的调 Q Nd:YAG（钇铝石榴子石）激光器，该激光器工作在波长 1064 nm 的基本模式下，脉冲能量为 150 mJ，脉冲持续时间为 10 ns，重复频率为 10 Hz。通过使用焦距为 5 cm 的石英凸透镜，将激光束聚焦在大气压下空气中的目标样品上。光谱仪的窗口范围是 210～880 nm，光谱分辨率为 0.1 nm。通过使用触发控制单元，检测器与 Nd:YAG 激光器同步。为了获得更好的光谱分辨率，将光谱仪和 Nd:YAG 脉冲之间的延迟设置为 1.5 µs。为了获得更好的信噪比，收集每个样品 50 组平均的实测光谱。光谱仪和波长漂移通过纯金属样品校准。

8.4.2　紫菜样品的 LIBS 光谱与定性分析

图 8-16 为特征谱线的标定结果，从图中可看出，通过 LIBS 在紫菜样品中检测到 Mg、Ca、Mn、Fe、Zn、P、Na、K、Cu、Sr、Si、O、C 等元素。紫菜的发射光谱易受空气影响，所以实验收集了环境空气的实时光谱，将 740～880 nm 波段内的 N、O 谱线的强度与空气光谱比对后发现它们非常接近。可以推断出，烘干后的紫菜样品光谱中大多数 N、O 是属于环境空气的。

8.4.3　内标法对紫菜中 Pb 元素的定量分析

重金属是天然存在的、具有高原子质量的元素，即使在较低的暴露水平下，这些金属元素也被认为是已知诱导生物体多器官损伤的有毒物质。紫菜对海水中的重金属离子具有很强的生物富集能力，仅仅对紫菜中的元素定性分析远远不够，需要对许多物质进行定量分析，特别是重金属元素。在这一部分中，将紫菜作为生物吸附材料来吸附溶液中的 Pb，我们试图检测紫菜中的 Pb 浓度以反映海水中的 Pb 浓度。

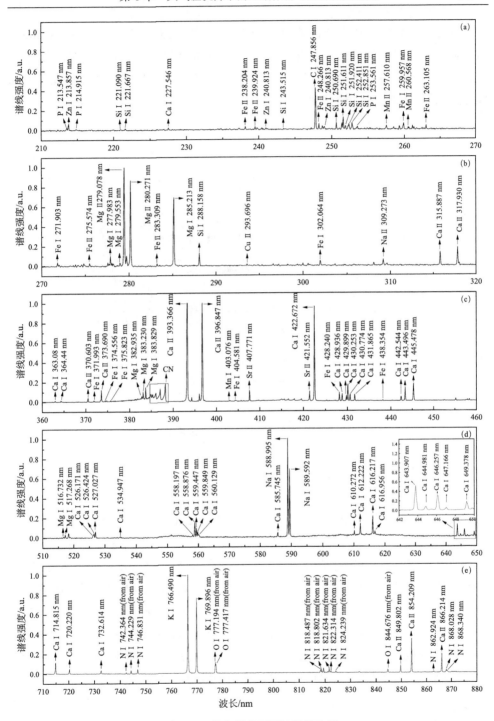

图 8-16　条斑紫菜不同波段的光谱

（a）210~270 nm；（b）270~320 nm；（c）360~460 nm；（d）510~650 nm；（e）710~880 nm

在这项工作中，我们选择了 Pb 的四条光谱线（357.273 nm、363.956 nm、368.346 nm、373.994 nm），对含 Pb 的紫菜光谱进行归一化处理后发现，Pb 浓度不同的紫菜光谱中 Ca（422.672 nm）谱线相对强度相同。图 8-17 为浸泡在不同浓度 Pb 溶液中的紫菜光谱的梯度图。

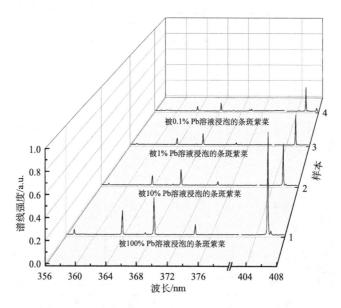

图 8-17　浸泡在不同浓度 Pb 溶液中条斑紫菜的光谱

定量分析根据的是 Lomakin-Scheibe 方程，具体公式可参照第 2 章相关内容。

将 Pb 的 4 个特征线的强度求和与 Ca（422.672 nm）的特征线强度之比作为铅的相对强度，相对强度随溶液浓度减少而减小。以 Pb 浓度为横坐标，相对强度为纵坐标，拟合得到定标曲线，如图 8-18 所示，样本点的相关系数 R^2 为 0.9948。为检验拟合曲线的准确性，选择 10 组剩余紫菜样品的测量结果代入拟合曲线方程进行验证。图 8-19 为理论光谱强度与实际光谱强度的对比图，平均相对误差 7.2%，这说明定量拟合曲线是正确的，意味着紫菜光谱中 Pb 的谱线强度可以反映紫菜所处溶液中 Pb 的浓度，通过 LIBS 分析含铅紫菜的光谱线，可以间接反映近海海水中的 Pb 浓度。注意，这里所讨论的仅限于相同种类的紫菜。

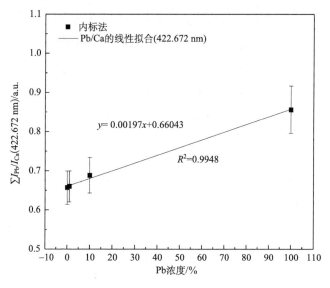

图 8-18　条斑紫菜中 Pb 的定标曲线

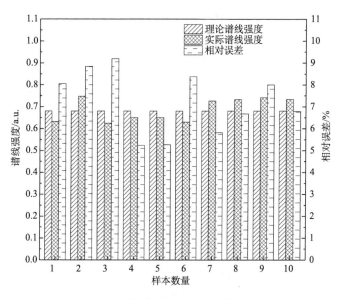

图 8-19　理论光谱强度与实际光谱强度的对比图

8.4.4　等离子体温度

等离子体温度作为重要的参数通常由光谱方法确定[271,272]。等离子体处于 LTE 态时，应满足 Saha-Boltzmann 方程。本节选取了 5 条波长为 357.273 nm、363.957 nm、367.149 nm、368.346 nm、373.994 nm 的 Pb 元素谱线，所需要的数据均从 NIST 数据库中得到。以 $\ln[I_{ij}\lambda/(A_{ij}g_k)]$ 为纵坐标，E 为横坐标，通过线性回归的方式拟合得到 Saha-Boltzmann 图，其中 R^2 为 0.9905，斜率为-1.31971，如图 8-20 所示。经过计算得到实验中等离子体温度 T 为 8913 K。为验证拟合曲线的正确性，我们在剩余光谱中随机选择 12 组数据代入式（2-2），得到最大相对误差为 2.04%，如表 8-1 所示，说明拟合曲线是正确的。

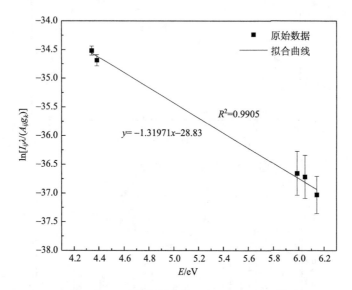

图 8-20　Pb 谱线拟合的 Saha-Boltzmann 图

表 8-1　Saha-Boltzmann 方程相对误差分析表

样本	$\ln[I_{ij}\lambda/(A_{ij}g_k)]$				
	368.227 nm	363.897 nm	373.926 nm	367.149 nm	357.180 nm
样本 1	−34.530	−34.738	−36.458	−36.230	−36.941
样本 2	−34.600	−34.822	−37.320	−37.723	−37.855
样本 3	−34.667	−34.706	−37.196	−37.471	−37.773
样本 4	−34.953	−35.084	−37.440	−37.958	−38.005
样本 5	−34.497	−34.649	−36.545	−36.555	−37.016
样本 6	−34.600	−34.602	−36.825	−37.244	−37.344
样本 7	−34.673	−34.824	−37.674	−37.541	−37.995
样本 8	−35.202	−35.386	−37.612	−38.702	−38.123
样本 9	−34.515	−34.733	−36.686	−36.837	−37.198

续表

样本	ln[$I_{ij}\lambda/(A_{ij}g_k)$]				
	368.227 nm	363.897 nm	373.926 nm	367.149 nm	357.180 nm
样本 10	−34.643	−34.872	−37.321	−37.229	−37.577
样本 11	−34.595	−34.698	−36.944	−37.132	−37.402
样本 12	−35.255	−35.372	−38.150	−37.699	−39.067
理论值	−34.562	−34.616	−36.715	−36.813	−36.936
平均相对误差/%	0.55	0.75	1.48	1.87	2.04

8.4.5　电子数密度

对紫菜样品进行 LIBS 检测时光谱的采集一般是在局域条件下进行的，对展宽贡献最大的是 Stark 展宽[96]。电子数密度 N_e 和半峰全宽 $\omega_{1/2}$ 的关系为

$$\omega_{1/2} \approx 2\omega \frac{N_e}{10^{16}} \qquad (8\text{-}2)$$

式中，ω 为碰撞展宽系数。选 405.781 nm 谱线，通过 Origin 软件对其进行洛伦兹拟合，如图 8-21 所示，得到半峰全宽为 0.05366 nm。由式（8-2）得出，电子数密度 N_e 为 3.15442×10^{16} cm^{-3}。所选 5 条 Pb 谱线的最大能级差为 3.47643 eV，等离子体温度 T 为 8913 K，计算得出电子数密度的阈值为 6.335×10^{15} cm^{-3}，符合 McWhirter 判定准则，实验中等离子体处于 LTE 态，自吸收现象可忽略，光谱为有效光谱。

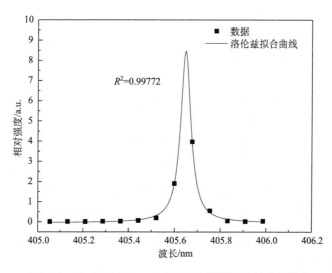

图 8-21　Pb（405.781 nm）的 Stark 展宽洛伦兹曲线拟合

8.4.6　CN 自由基的振动温度和转动温度

CN 自由基是一种广泛分布的瞬态自由基[273]，CN 参数可以反映实验测量时的状态。温度是分子辐射研究重要的热力学参数之一，对研究分子跃迁和化学反应具有重要意义。在实验中，清晰观察到了 CN 分子带，如图 8-22 所示，CN 分子光谱线分布在 358～359 nm 和 385～389 nm 的范围内。它是由紫菜中的 C 与空气中的 N 和 N_2 反应生成，主要的化学反应式见式（3-1）和式（3-2）。

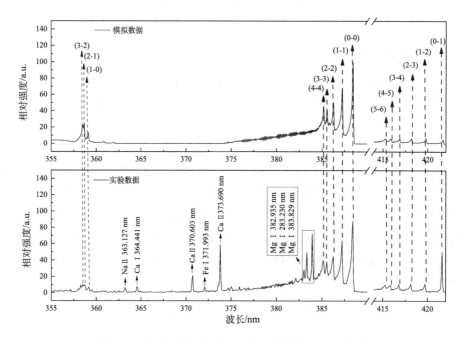

图 8-22　条斑紫菜样品中 CN 分子的模拟和实验结果

利用 LIFBASE 软件模拟紫菜光谱中 CN 自由基的分子谱带，得到实验中 CN 自由基的转动温度和振动温度分别为 7600 K 和 7800 K。与等离子体温度比较，它们满足关系 $T_r < T_v < T$，其中 T_r 与 T_v 分别是转动温度与振动温度。主要原因为实验中 Pb 元素大多位于靠近激光焦点的等离子体中间，具有高温，而 CN 自由基是由紫菜中的 C 与空气中的 N 在等离子体周围反应生成的。此外，实验获得了紫菜在 $X^2\Sigma^+(v'')$ 状态中 7600 K 转动温度下的振动能级数，如表 8-2 所示。值得一提的是，0～1 处的振转跃迁光谱与 Sr（407.771 nm）谱线叠加，所以实验观测的谱线强度大于模拟值。

表 8-2　CN 分子在 $X^2\Sigma^+(v'')$ 状态中 7600 K 转动温度下的振动能级数

$X^2\Sigma^+(v'')$	振动能级数
$v''=0$	0.326546
$v''=1$	0.220711
$v''=2$	0.150286
$v''=3$	0.103136
$v''=4$	0.071369
$v''=5$	0.049824
$v''=6$	0.035112
$v''=7$	0.025039
$v''=8$	0.017976

8.4.7　小结

本节中，我们利用 LIBS 对条斑紫菜样品进行实验，波长校准后分析紫菜光谱发现其中含有 Mg、Ca、Mn、Fe、Zn、P、Na、K、Cu、Sr、Si、O、C 等元素。对海水中紫菜元素的分析不仅能够反映海水的物质组成，还对营养学、紫菜品系培育的研究有着积极意义。接着用内标法测定了含铅紫菜样品中 Pb 谱线强度的梯度变化，依据 Lomakin-Scheibe 方程拟合得到相关系数 R^2 为 0.9948，平均相对误差为 7.2%，验证了拟合曲线的正确性。这说明对紫菜光谱中 Pb 元素强度的分析可以间接反映紫菜所处的近海海水中的 Pb 浓度。为判断定量实验所得光谱的有效性，计算了 LIBS 实验中的等离子体温度与电子数密度，并依据 McWhirter 判定准则判断实验环境处于局域热力学平衡状态，得到实验中等离子体温度为 8913 K，电子数密度为 3.15442×10^{16} cm^{-3}。借助光谱模拟软件 LIFBASE 对实验过程中发现的 CN 自由基进行模拟，得到振动温度为 7800 K，转动温度为 7600 K。

该实验通过对紫菜的定性与定量分析验证了将 LIBS 运用到近海 Pb 污染检测领域的可行性。该技术有望推广至其他近海重金属元素的分析，这为检测近海海水污染提供了另一种方式。

第 9 章　大气水汽探测研究

大气是人类生存环境的重要物质基础,主要由干空气和水蒸气组成[274]。水蒸气的多少代表着大气水汽的充沛程度,其变化对环境产生重要影响[275,276]。日常生活中常用相对湿度来表示湿空气中水蒸气接近饱和含量的程度,反映了空气的干燥或潮湿的程度[277]。相对湿度过高和过低都会使人产生不适[278,279],一些工业生产和科学研究也需要对湿度进行严格控制[280,281]。

大气水汽的检测方法有很多,光学手段方面,可以使用 TDLAS 技术[282]对空气中的水蒸气含量进行测量,干湿球法[283]在气象领域被广泛使用,采取吸湿法的湿度传感器[284]在工业和生活中使用较多。但是目前的方法大多数单一地对空气中的水蒸气含量进行测量,需要其他技术的配合才能实现同时对空气中的其他物质的检测。因此,一种既能测量环境空气的水汽,又能检测空气中其他物质的技术方法,对于大气环境质量的鉴定具有十分重要的意义。

本章共分两节,基于 LIBS 对于大气水汽进行探测研究,辅以日常使用的超声波加湿器对大气水汽含量进行调节。9.1 节使用 LIBS 对高湿度和低湿度的空气进行在线原位检测,并基于 H 原子谱线强度对相对湿度值进行研究。9.2 节根据日常生活场景加湿器的用法,以蒸馏水、自来水和食用盐水为例,使用加湿器将水雾均匀分散到空气中,并进行湿空气探测。

实验装置[87]原理如图 9-1 所示,该装置由 Nd: YAG 激光器、光谱仪、光纤探头、时序控制器、聚焦透镜、加湿器、温湿度计和计算机组成。实验采用 Nd: YAG 激光器作为光源,脉冲能量为 260 mJ,脉冲持续时间为 10 ns,重复频率为 10 Hz,激光波长为 1064 nm。加湿器为市面常见的超声波加湿器。相对湿度测量使用的温湿度计的温度测量精度为 0.1℃,误差为±0.1℃;相对湿度测量精度为 0.1 RH,误差为±1.5%RH。激光通过透镜系统聚集在水雾样品上,并激发高温等离子体。等离子体从激发态跃迁至低能级或基态时辐射的光由光纤探头收集,经过石英光纤耦合到光谱仪中,再使用计算机对光谱仪采集的数据进行分析。

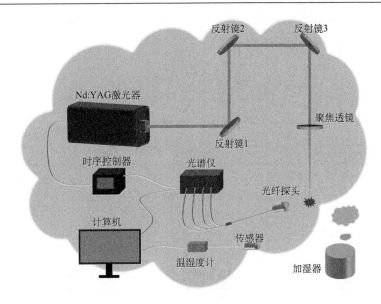

图 9-1　实验装置原理图

9.1　基于 H 原子光谱的湿度研究

空气可以分为干空气和水蒸气，水蒸气的含量代表了空气的潮湿程度。本次实验使用加湿器进行湿度的改变[285]，由超声波加湿器产生水雾并使其均匀地分布在整个空间，使空气的水蒸气含量增加，实现湿度的改变，同时用温湿度计记录对应的相对湿度和温度。利用 LIBS 系统对湿空气进行检测，由光谱仪进行数据收集，为了降低信噪比，对光谱数据进行筛选和平均处理。同时，光谱仪采集的数据存在一定的波长漂移现象，需要根据多种元素进行参照，并对比 NIST[95]的数据，对谱线进行校准。光谱数据校准后，将覆盖 210～890 nm 波段内的空气全谱划分为四个不同的小光谱区，对主要谱线的原子光谱进行标定。

在温度为 24.7℃、湿度为 43% RH 时测得的空气光谱如图 9-2 所示。根据已标定的光谱，空气中的元素主要有 N、H、O、C、Ar 和 Xe 元素，它们主要来源于空气中的氮气、氢气、氧气、二氧化碳和惰性气体氩气、氙气。此外，水蒸气也是 H、O 元素的来源。

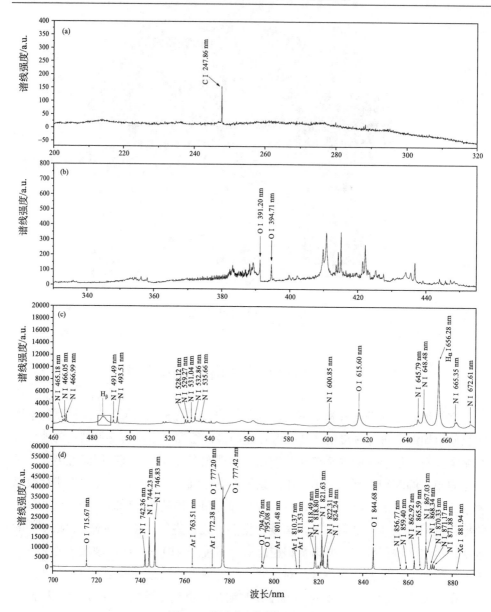

图 9-2　湿空气不同波段光谱图

（a）200～320 nm；（b）330～455 nm；（c）460～675 nm；（d）700～890 nm

　　在温度近似不变的条件下，使用加湿器改变空气湿度。将温度为 24.3℃、湿度为 73%RH 时测得的空气光谱，与湿度为 43% RH 的光谱进行对比，如图 9-3 所示。从图 9-3 可以看出，当湿度从 43% RH 增加到 73%RH 时，H 原子谱线和 O 原子谱线强度明显增强。图 9-3（a）中，H_{α}（I 656.28 nm）相对强度从 11418 a.u.

增加到 20669 a.u.，H_β 的相对强度从 1869 a.u.增加到 2912 a.u.。图 9-3（b）中，最强的 O 原子（O I 777.19 nm）相对强度从 40293 a.u.增加到 45770 a.u.。由于 O 原子有氧气、二氧化碳、水蒸气三个来源， H 原子只有氢气和水蒸气两个来源，且氧气和二氧化碳易受到呼吸的影响，氢气却基本不变，因此采用 H 原子的谱线强度对相对湿度进行拟合更合适。

对于较为潮湿的空气，湿度增加比较困难，因此使用体积为 0.0016 m³ 的近似密闭容器对激光焦点处的相对湿度进行测量。采取先增加内部湿度再使其逐渐降低的方法，测量了相对湿度值为 65%RH、70%RH、75%RH、80%RH、85%RH 和 90%RH 时的空气谱。根据 H 原子（H_α I 656.28 nm）的相对强度对相对湿度值进行拟合，结果如图 9-4 所示。从图 9-4 可以看出，H 原子光谱的相对强度随着相对湿度的增加而增加，符合正比关系。线性拟合结果的相关系数 R^2 为 0.94771，接近 1，表明拟合效果较好，可根据 H 原子光谱的相对强度推算出相对湿度。

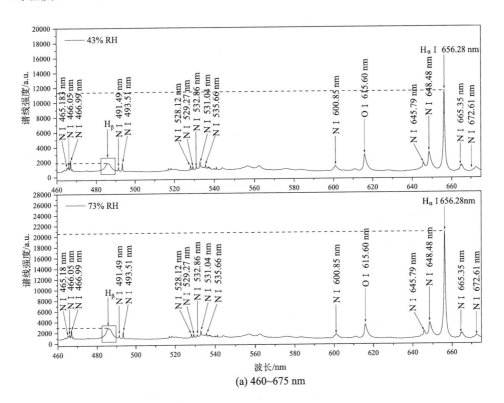

(a) 460~675 nm

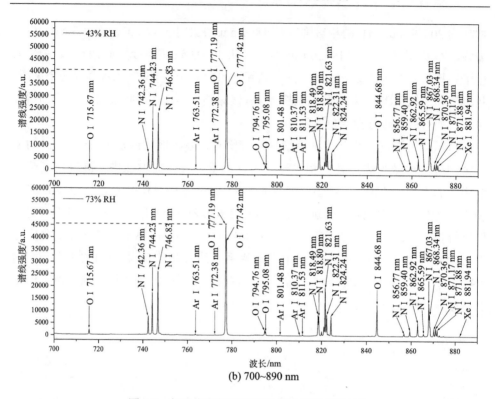

图 9-3　低湿度空气和高湿度空气光谱强度对比

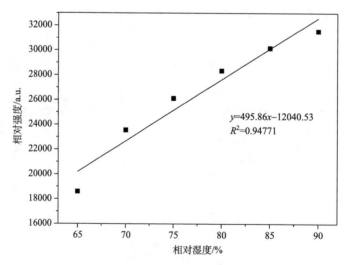

图 9-4　H 原子光谱的相对强度与相对湿度拟合

■为测量值；直线为拟合线

9.2 加湿器水汽探测

日常生活中，有的加湿器使用者期望获得一些额外效果，将纯净水之外的一些液体添加到加湿器中。这些液体产生的水汽附带不同的物质，其中一些物质对人体的健康有影响[286]。

本实验以蒸馏水、自来水和食用盐配成的 1%浓度饱和溶液为例进行场景模拟，使用加湿器使水雾均匀分布在整个空间。在同等温度和湿度条件下，分别对用自来水和盐水加湿后的水汽进行探测，并与蒸馏水对比，结果见图 9-5 和图 9-6。

如图 9-5 和图 9-6 所示，食用盐水主要成分为氯化钠，经过加湿后的空气水汽中除了蒸馏水水汽含有的元素外检测出了 Na 原子（I 589.00 nm 和 I 589.59 nm）。自来水是经过过滤、消毒等步骤的日常生活用水，水汽中还探测出了 Mg 离子（II 279.55 nm 和 II 280.27 nm）和 Ca 离子（II 393.37 nm 和 II 396.85 nm）。这表明 LIBS 能实现对湿空气中一些其他元素的探测。

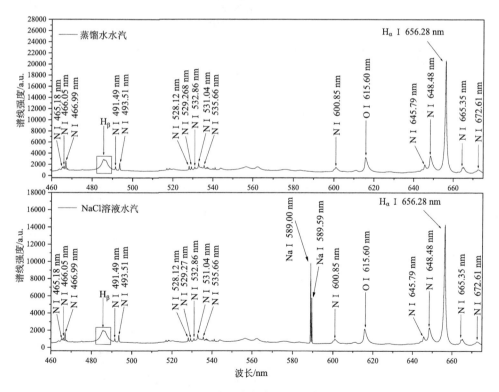

图 9-5 NaCl 溶液水汽与蒸馏水水汽光谱对比

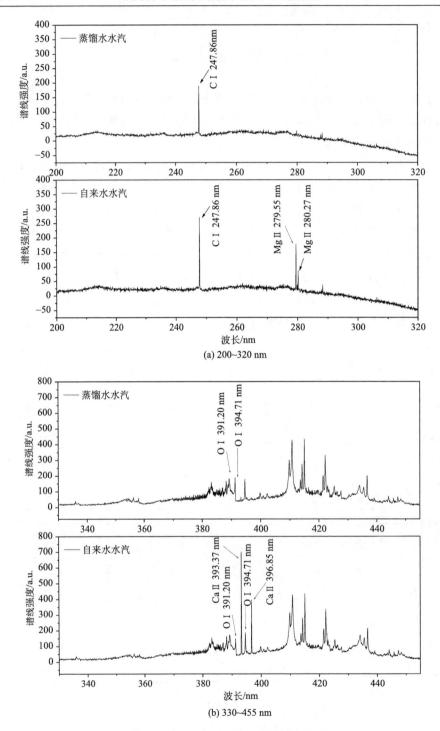

(a) 200~320 nm

(b) 330~455 nm

图 9-6 自来水水汽与蒸馏水水汽光谱对比

　　总结该工作，实验基于 LIBS 实现了对大气水汽的检测研究。在温度为 24.3℃、湿度为 43%RH 时，采集了湿空气的光谱。湿空气光谱的主要谱线有 N、H、O、C、Ar 和 Xe，它们主要来源于空气成分的氮气、氢气、氧气、二氧化碳和稀有气体。此外，H 和 O 还来源于水蒸气。在温度为 24.7℃、湿度为 73%RH 时采集的湿空气光谱对比低湿度的光谱，H 和 O 的强度明显增强。基于 H 原子谱线强度对湿度进行研究发现，两者具有良好的线性关系，拟合的相关系数为 0.94771。以蒸馏水、自来水和食用盐配成的 1%浓度饱和溶液为例，模拟日常使用加湿器的情况。在使用自来水加湿的空气谱线中探测到了 Mg 离子和 Ca 离子，在食盐溶液加湿的空气谱线中探测到了 Na 元素谱线。综上，LIBS 既能满足大气湿度的测定，也能实现水汽中其他元素的检测，是一种研究大气水汽的有效手段。

参 考 文 献

[1] 何建国. 浅谈大气中主要污染物的来源及其对人体健康的影响[J]. 青海科技, 2001, 8(4): 40-41.

[2] 张玉梅. 北京市大气颗粒物污染防治技术和对策研究[D]. 北京: 北京化工大学, 2015.

[3] 邢悦. 大气颗粒物污染与防治策略分析[J]. 环境与生活, 2014, 14: 202-203.

[4] 曹军骥, 李建军. 二次有机气溶胶的形成及其毒理效应[J]. 地球环境学报, 2016, 7(5): 431-441.

[5] 顾家伟. 我国城市大气颗粒物重金属污染研究进展与趋势[J]. 地球与环境, 2019, 47(3): 385-396.

[6] 徐青. 上海市浦东新区大气细颗粒物中重金属污染特征及来源解析[J]. 环境监控与预警, 2020, 12(1): 44-51.

[7] 龚芳. 我国人为源 VOCs 排放清单及行业排放特征分析[D]. 西安: 西安建筑科技大学, 2013.

[8] 闫雨龙, 彭林. 山西省人为源 VOCs 排放清单及其对臭氧生成贡献[J]. 环境科学, 2016, 37(11): 4086-4093.

[9] Hao M, Zhang X, Kai S, et al. Research and establishment of dynamic update platform of volatile organic compounds from industrial sources[J]. Environmental Science and Management, 2016, 41(8): 86-89.

[10] 席劲瑛, 武俊良, 胡洪营, 等. 工业 VOCs 排放源废气排放特征调查与分析[J]. 中国环境科学, 2010, 30(11): 1558-1562.

[11] 赵秋月, 夏思佳, 李冰, 等. 江苏省工业 VOCs 排放现状与管理对策研究[J]. 环境监控与预警, 2012, 4(5): 41-44.

[12] 陈小方, 张嘉妮, 张伟霞, 等. 化工园区挥发性有机物排放清单及其环境影响[J]. 中国环境科学, 2017, 37(11): 4062-4071.

[13] 王伯光, 张远航, 邵敏. 珠江三角洲大气环境 VOCs 的时空分布特征[J]. 环境科学, 2004, 25(6): 7-15.

[14] 刘雅婷, 彭跃, 白志鹏, 等. 沈阳市大气挥发性有机物(VOCs)污染特征[J]. 环境科学, 2011, 32(9): 2777-2785.

[15] Li J, Han Z W, Sun Y L, et al. Chemical formation pathways of secondary organic aerosols in the Beijing-Tianjin-Hebei region in wintertime[J]. Atmospheric Environment, 2021, 244: 117996.

[16] Chen T S, Xue L K, Zheng P G, et al. Volatile organic compounds and ozone air pollution in an oil production region in northern China[J]. Atmospheric Chemistry and Physics, 2020, 20(11):

7069-7086.

[17] Hu R Y, Liu G J, Zhang H, et al. Odor pollution due to industrial emission of volatile organic compounds: A case study in Hefei, China[J]. Journal of Cleaner Production, 2020, 246: 119075.

[18] Volkamer R, Jimenez J L, Martini F S, et al. Secondary organic aerosol formation from anthropogenic air pollution: Rapid and higher than expected[J]. Geophysical Research Letters, 2006, 33(17): L17811.

[19] 宁淼, 孙亚梅. "十三五"挥发性有机物污染防治的思路与途径[J]. 世界环境, 2016, (6): 27-29.

[20] 邵敏, 董东. 我国大气挥发性有机物污染与控制[J]. 环境保护, 2013, 41(5): 25-28.

[21] Guo H, Ling Z H, Cheng H R, et al. Tropospheric volatile organic compounds in China[J]. Science of the Total Environment, 2017, 574: 1021-1043.

[22] Choi M S, Qiu X H, Zhang J, et al. Study of secondary organic aerosol formation from chlorine radical-initiated oxidation of volatile organic compounds in a polluted atmosphere using a 3D chemical transport model[J]. Environmental Science and Technology, 2020, 54(21): 13409-13418.

[23] Atkinson R. Atmospheric chemistry of VOCs and NO_x[J], Atmospheric Environment, 2000, 34(12-14): 2063-2101.

[24] Kroll J H, Seinfeld J H. Chemistry of secondary organic aerosol: Formation and evolution of low-volatility organics in the atmosphere[J]. Atmospheric Environment, 2008, 42(16): 3593-3624.

[25] 郑荣. 汽油机一次颗粒物排放特性及二次颗粒物生成潜势的研究[D]. 北京: 清华大学, 2015.

[26] Harvey J, Tuckett R P, Bodi A, et al. A Halomethane thermochemical network from iPEPICO experiments and quantum chemical calculations[J]. Journal of Chemical Physics, 2012, 116(39): 9696-9705.

[27] Montzka S A, Dutton G S, Yu P F, et al. An unexpected and persistent increase in global emissions of ozone-depleting CFC-11[J]. Nature, 2018, 557(7705): 413-417.

[28] 吴洪有. 哈龙替代灭火剂环境影响分析及其灭火系统的研究[D]. 天津: 天津大学, 2006.

[29] 姜恒. 臭氧及臭氧层破坏及其保护机制分析[J]. 低碳世界, 2017, 3: 27-18.

[30] Fernandez R P, Kinnison D E, Lamarque J F, et al. Impact of biogenic very short-lived bromine on the Antarctic ozone hole during the 21st century[J]. Atmospheric Chemistry and Physics, 2017, 17(3): 1673-1688.

[31] Eiof J J, Michael G, Michael S, et al. Effects of global ship emissions on European air pollution levels[J]. Atmospheric Chemistry and Physics, 2020, 20(19): 11399-11422.

[32] Pope C A, Burnett R T, Thun M J, et al. Lung cancer, cardiopulmonary mortality, and long-term exposure to fine particulate air pollution[J]. Journal of the American Medical Association, 2002, 287(9), 1132-1141.

[33] Karimi B, Shokrinezhad B. Air pollution and the number of daily deaths due to respiratory causes in Tehran[J]. Atmospheric Environment, 2021, 246: 118161.

[34] Li J, Wang Y X, Yin P, et al. The burden of sulfur dioxide pollution on years of life lost from chronic obstructive pulmonary disease: A nationwide analysis in China[J]. Environmental Research, 2020, 194: 110503.

[35] 王旭朝, 郝中骐, 郭连波, 等. 显微激光诱导击穿光谱技术对低合金钢中 Mn 的定量检测[J]. 光谱学与光谱分析, 2017, 37(4): 1254-1258.

[36] Zou L F, Kassim B, Smith J P, et al. In situ analytical characterization and chemical imaging of tablet coatings using laser induced breakdown spectroscopy(LIBS)[J]. Analyst, 2018, 143(20): 5000-5007.

[37] Kiefer J, Zhou B, Li Z, et al. Impact of plasma dynamics on equivalence ratio measurements by laser-induced breakdown spectroscopy[J]. Applied Optics, 2015, 54(13): 4221-4226.

[38] Lui S L, Godwal Y, Taschuk T M, et al. Detection of lead in water using laser-induced breakdown spectroscopy and laser-induced fluorescence[J]. Analytical Chemistry, 2008, 80: 1995-2000.

[39] Wen X, Lin Q Y, Niu G H, et al. Emission enhancement of laser-induced breakdown spectroscopy for aqueous sample analysis based on Au nanoparticles and solid-phase substrate[J]. Applied Optics, 2016, 55: 6706-6712.

[40] Pervin A A, Banu S, Turgay S, et al. Multi-elemental analysis of flour types and breads by using laser induced breakdown spectroscopy[J]. Journal of Cereal Science, 2020, 92: 102920.

[41] Williams A N, Phongikaroon S. Elemental detection of cerium and gadolinium in aqueous aerosol using laser-induced breakdown spectroscopy[J]. Applied Spectroscopy, 2016, 70: 1700-1708.

[42] Redoglio D A, Palazzo N, Migliorini F, et al. Laser-induced breakdown spectroscopy analysis of lead aerosol in nitrogen and air atmosphere[J]. Appl. Spectrosc. , 2018, 72: 584-590.

[43] Lasheras R J, Paules D, Escudero M, et al. Quantitative analysis of major components of mineral particulate matter by calibration free laser-induced breakdown spectroscopy[J]. Spectrochim. Acta, Part B, 2020, 171: 105918.

[44] Hu X, Zhang Y, Ding Z H, et al. Bioaccessibility and health risk of arsenic and heavy metals(Cd, Co, Cr, Cu, Ni, Pb, Zn and Mn)in TSP and $PM_{2.5}$ in Nanjing, China[J]. Atmospheric Environment, 2012, 57(1): 146-152.

[45] Li M, Lian X W, Wang J, et al. Pollution characteristics of metal components in $PM_{2.5}$ in two districts of Guangzhou[J]. Journal of Environmental and Occupational Medicine, 2016, 30(7): 650-656.

[46] 谭吉华, 段菁春. 中国大气颗粒物重金属污染、来源及控制建议[J]. 中国科学院研究生院学报, 2013, 30(2): 145-155.

[47] Chu B W, Hao J M, Hideto T, et al. The remarkable effect of FeSO4 seed aerosols on secondary organic aerosol formation from photooxidation of a-pinene/NO_x and toluene/NO_x[J].

Atmospheric Environment, 2012, 55: 26-34.

[48] Wang L P, Chen J. Socio-economic influential factors of haze pollution in China: Empirical study by eba model using spatial panel data[J]. Acta Scientiae Circumstantiae, 2016, 36(10): 3833-3839.

[49] Cincinelli A, Katsoyiannis A. Atmospheric pollution in city centres and urban environments. The impact of scientific, regulatory and industrial progress[J]. Science of the Total Environment, 2017, 579-594: 1057-1058.

[50] Gieswein A, Hering D, Feld C K. Additive effects prevail: The response of biota to multiple stressors in an intensively monitored watershed[J]. Science of the Total Environment, 2017, 593-594: 27-35.

[51] 皇益宗, 郝晓伟, 雷鸣, 等. 重金属污染土壤修复技术及其修复实践[J]. 农业环境科技学报, 2013, 32(3): 409-417.

[52] Sharma B S, Rieckhoff K E. Laser-induced dielectric breakdown and mechanical damage in silicate glasses[J]. Canadian Journal of Physics, 2011, 48(10): 1178-1191.

[53] 邓晓庆. FAAS、GFAAS、ICP-AES 和 ICP-MS 4 种分析仪器法的比较[J]. 云南环境科学, 2006, 25(4): 56-57.

[54] Clegg S M, Sklute E, Dyar M D, et al. Multivariate analysis of remote laser-induced breakdown spectroscopy spectra using partial least squares, principal component analysis, and related techniques[J]. Spectrochimica Acta Part B: Atomic Spectroscopy, 2009, 64(1): 79-88.

[55] Brech F, Cross L. Optical microemission stimulated by a ruby laser[J]. Applied Spectroscopy, 1962, 16: 59-67.

[56] Wang J G, Li X Z, Li H H, et al. Analysis of the trace elements in micro-alloy steel by reheating double-pulse laser-induced breakdown spectroscopy[J]. Applied Physics B, 2017, 123(4): 131.

[57] 尹文怡. 基于 LIBS 技术的大气颗粒物重金属元素激光在线探测[D]. 南京: 南京信息工程大学, 2020.

[58] Maker P D, Terhune R W, Savage C M. Intensity-dependent changes in the refractive index of liquids[J]. Physical Review Letters, 1964, 12(18): 507-509.

[59] Runge E F, Minck R W, Bryan F R. Spectrochemical analysis using a pulsed laser source[J]. Spectrochimica Acta, 1964, 20: 733-735.

[60] Buzukov A A, Popov Y A, Teslenko V S. Experimental study of explosion caused by focusing monopulse laser radiation in water[J]. Journal of Applied Mechanics and Technical Physics, 1972, 10(5): 701-708.

[61] Radziemski L J, Loree T R, Cremers D A, et al. Time-resolved laser-induced breakdown spectrometry of aerosols[J]. Analytical Chemistry, 1983, 55: 1246-1252.

[62] Grant K J, Paul G L, Neill O, et al. Quantitative elemental analysis of iron ore by laser-induced breakdown spectroscopy[J]. Applied Spectroscopy, 1991, 45: 701-705.

[63] Lazzari C, Rosa M D, Rastelli S, et al. Detection of mercury in air by time resolved

laser-induced breakdown spectroscopy technique[J]. Laser and Particle Beams, 1994, 12: 525-530.

[64] Wilsch G, Weritz F, Schaurich D, et al. Determination of chloride content in concrete structures with laser-induced breakdown spectroscopy[J]. Construction and Building Materials, 2005, 19(10): 724-730.

[65] Cremers D A, Radzlemskl L J. Detection of chlorine and fluorine in air by laser-induced breakdown spectrometry[J]. Analytical Chemistry, 1983, 55(8): 1252-1256.

[66] Gibeak K, Kyoungtae K, Hyunok M, et al. Development of aerosol-LIBS(Laser induced breakdown spectroscopy)for real-time monitoring of process-induced particles[J]. Aerosol and Air Quality Research, 2019, 19: 455-460.

[67] Schroder S, Rammelkamp K, Hanke F, et al. Effects of pulsed laser and plasma interaction on Fe, Ni, Ti, and their oxides for LIBS Raman analysis in extraterrestrial environments[J]. Journal of Raman Spectroscopy, 2020, 51(9): 1667-1681.

[68] 崔执凤, 路软群. 激光诱导等离子体中电子密度随时间演化的实验研究[J]. 中国激光, 1996, 23(7): 627-632.

[69] 胡振华, 张巧, 丁蕾, 等. 液体射流双脉冲激光诱导击穿 Ca 等离子体温度和电子数密度研究[J]. 光学学报, 2013, 40(4): 287-293.

[70] 王寅, 赵南京, 马明俊, 等. 石墨富集方式下水中Cr元素的LIBS检测[J]. 激光技术, 2013, 37(6): 808-811.

[71] 鲁翠萍, 刘文清, 刘立拓, 等. 土壤中铅元素的激光诱导击穿光谱测量分析[J]. 激光与光电子学进展, 2011, 48(5): 121-124.

[72] 李颖, 王振楠, 吴江来, 等. 激光波长对水中金属元素激光诱导击穿光谱探测的影响[J]. 光谱学与光谱分析, 2011, 31(8): 2249-2252.

[73] Jie F, Wang Z, Li Z, et al. Study to reduce laser-induced breakdown spectroscopy measurement uncertainty using plasma characteristic parameters[J]. Spectrochimica Acta Part B: Atomic Spectroscopy, 2010, 65(7): 549-556.

[74] Xu W J, Sun C, Tan Y Q, et al. Total alkali silica classification of rocks with LIBS: Influences of the chemical and physical matrix effects[J]. Journal of Analytical Atomic Spectrometry, 2020, 35: 1641-1653.

[75] Wu D, Mao X L, Chan G C Y, et al. Dynamic characteristics of multi-charged ions emitted from nanosecond laser produced molybdenum plasmas[J]. Journal of Analytical Atomic Spectrometry, 2020, 35: 767-775.

[76] Sun L X, Yu H B, Cong Z B, et al. Applications of laser-induced breakdown spectroscopy in the aluminum electrolysis industry[J]. Spectrochimica Acta Part B: Atomic Spectroscopy, 2018, 142: 29-36.

[77] Bai Y, Zhang L, Hou J J, et al. Concentric multipass cell enhanced double-pulse laser-induced breakdown spectroscopy for sensitive elemental analysis[J]. Spectrochimica Acta Part B: Atomic Spectroscopy, 2020, 168: 105851.

[78] Yang E L, Liao W L, Lin Q Y, et al. Quantitative analysis of Salmonella typhimurium based on elemental-tags laser-induced breakdown spectroscopy[J]. Analytical Chemistry, 2020, 92(12): 8090-8096.

[79] Zhu C W, Tang Z Y, Li Q Z, et al. Lead of detection in rhododendron leaves using laser-induced breakdown spectroscopy assisted by laser-induced fluorescence[J]. Science of the Total Environment, 2020, 738: 139402.

[80] Teng G E, Wang Q Q, Zhang H W, et al. Discrimination of infiltrative glioma boundary based on laser-induced breakdown spectroscopy[J]. Spectrochimica Acta Part B: Atomic Spectroscopy, 2020, 165: 105787.

[81] Chu Y W, Tang S S, Ma S X, et al. Accuracy and stability improvement for meat species identification using multiplicative scatter correction and laser-induced breakdown spectroscopy[J]. Optics Express, 2018, 26(8): 10119-10127.

[82] 李文平, 周卫东. 溶液中 Ba 元素的水下单脉冲与正交双脉冲 LIBS 的比较研究[J]. 中国激光, 2019, 46(9): 306-315.

[83] 葛粉, 高亮, 彭晓旭, 等. 激光剥蚀-大气压辉光放电原子发射光谱法中土壤样品分析基质效应研究[J]. 分析化学, 2020, 48(8): 1111-1119.

[84] Kang J, Chen Y Q, Li R H. Calibration-free elemental analysis combined with high repetition rate laser ablation spark-induced breakdown spectroscopy[J]. Spectrochim Acta Part B, 2019, 161: 105711.

[85] 陈添兵, 姚明印, 刘木华, 等. 基于多元定标法的脐橙 Pb 元素激光诱导击穿光谱定量分析[J]. 物理学报, 2014, 63(10): 203-208.

[86] Qu Y F, Zhang Q H, Yin W Y, et al. Real-time in situ detection of the local air pollution with laser-induced breakdown spectroscopy[J]. Optics Express, 2019, 27(12): A790.

[87] Zhang Q H, Liu Y Z, Yin W Y, et al. The in situ detection of smoking in public area by laser-induced breakdown spectroscopy[J]. Chemosphere, 2020, 242: 125184.

[88] Zhangcheng Y Z, Liu Y Z, Zhang Q H, et al. The online detection of halogenated hydrocarbon in the atmosphere[J]. Optics and Lasers in Engineering, 2021, 142: 106586.

[89] Chen Y, Zhang Q H, Zhangcheng Y Z, et al. In-situ detection of sulfur in the atmosphere via laser-induced breakdown spectroscopy and single particle aerosol mass spectrometry technology[J]. Optics and Laser Technology, 2022, 145: 107490.

[90] Zhang Q H, Liu Y Z, Chen Y, et al. Online detection of halogen atoms in atmospheric VOCs by the LIBS-SPAMS technique[J]. Optics Express, 2020, 28(15): 22844-22855.

[91] Zhang Q H, Chen Y, Liu Y Z, et al. Study on the online detection of atmospheric sulfur via laser-induced breakdown spectroscopy[J]. Journal of Analytical Atomic Spectrometry, 2021, 36: 1028-1033.

[92] Lu X, Liu Y Z, Zhou Y, et al. Real-time in situ source tracing of human exhalation and different burning smoke indoors[J]. Spectrochimica Acta Part B, 2020, 170: 105901.

[93] Zhang Q H, Liu Y Z, Yin W Y, et al. The online detection of carbon isotopes by laser induced

　　　　 breakdown spectroscopy[J]. Journal of Analytical Atomic Spectrometry, 2020, 35: 341-346.

[94]　 Yin W Y, Liu Y Z, Zhang Q H, et al. Online in situ detection of multiple elements and analysis of heavy metals in the incense smoke and ash[J]. Optical Engineering, 2020, 59(2): 026105.

[95]　 National Institute of Standards and Technology. "NIST Chemistry WebBook, SRD69" [J/OL]. http: //webbook. nist. gov/chemistry/form-ser/[2019-02-28].

[96]　 Cremers D A, Radziemski L J. Handbook of Laser-Induced Breakdown Spectroscopy (LIBS) [M]. Cambridge: Cambridge University Press, 2006.

[97]　 刘红弟. 激光诱导等离子体的特性与应用研究[D]. 重庆: 重庆邮电大学, 2015.

[98]　 张启航, 刘玉柱, 祝若松, 等. 利用激光诱导击穿光谱技术探测大气颗粒物中的 Pb 元素[J]. 激光与光电子学进展, 2018, 55(12): 523-529.

[99]　 周跃. 大气中细颗粒物的来源及其危害[J]. 中国战略新兴产业, 2017, 16: 28, 62.

[100]　 董雪玲. 大气可吸入颗粒物对环境和人体健康的危害[J]. 资源·产业, 2004, (5): 52-55.

[101]　 王永晓, 曹红英, 邓雅佳, 等. 大气颗粒物及降尘中重金属的分布特征与人体健康风险评价[J]. 环境科学, 2017, 38(9): 3575-3584.

[102]　 黎智. 大气 $PM_{2.5}$ 及其成分对人群健康影响的研究进展[J]. 应用预防医学, 2021, 27(1): 86-88, 92.

[103]　 李岚淼, 李龙国, 李乃稳. 城市雾霾成因及危害研究进展[J]. 环境工程, 2017, 35(12): 92-97, 104.

[104]　 杨耀, 邰阳, 张燕. 大气颗粒物的危害及其解析技术研究综述[J]. 北方环境, 2010, 22(5): 82-87.

[105]　 杨新兴, 冯丽华, 尉鹏. 大气颗粒物 $PM_{2.5}$ 及其危害[J]. 前沿科学, 2012, 6(1): 22-31.

[106]　 罗宇恒, 万恩来, 刘玉柱. 利用 LIBS 技术对电烙铁的烟雾进行在线分析[J/OL]. 激光技术, https: //kns. cnki. net/kcms/detail/51. 1125. TN. 20210707.1313.002. html[2021-07-07].

[107]　 丁鹏飞, 刘玉柱, 张启航, 等. 利用激光诱导击穿光谱技术原位在线探测秸秆燃烧烟尘[J]. 光谱学与光谱分析, 2020, 40(10): 3292-3297.

[108]　 Yan Y H, Liu Y Z, Yin W Y, et al. Correlation between laser-induced plasma temperature and CN radical molecule emission during tree burning[J]. Optik, 2020, 224: 165670.

[109]　 González C M, Gómez C D, Rojas N Y, et al. Relative impact of on-road vehicular and point-source industrial emissions of air pollutants in a medium-sized Andean city[J]. Atmospheric Environment, 2017, 152: 279-289.

[110]　 Wang S, Salamova A, Hites R A, et al. Spatial and seasonal distributions of current use pesticides(CUPs)in the atmospheric particulate phase in the great lakes region[J]. Environmental Science and Technology, 2018, 52(11): 6177-6186.

[111]　 Guan Y N, Chen G Y, Cheng Z J, et al. Air pollutant emissions from straw open burning: A case study in Tianjin[J]. Atmospheric Environment, 2017, 171: 155-164.

[112]　 Kumar M, Singh R K, Murari V, et al. Fireworks induced particle pollution: a spatio-temporal analysis[J]. Atmospheric Research, 2016, 180: 78-91.

[113]　 Mousavi S J, Farsani M H, Darbani S M R, et al. Identification of atomic lines and molecular

bands of benzene and carbon disulfide liquids by using LIBS[J]. Applied Optics, 2015, 54(7): 1713-1720.

[114] Christian G P. Atomic and molecular emissions in laser-induced breakdown spectroscopy[J]. Spectrochimica Acta Part B: Atomic Spectroscopy, 2013, 79-80: 4-16.

[115] Fernandez-Bravo A, Delgado T, Lucena P, et al. Vibrational emission analysis of the CN molecules in laser-induced breakdown spectroscopy of organic compounds[J]. Spectrochimica Acta Part B: Atomic Spectroscopy, 2013, 89: 77-83.

[116] Kushwaha A, Thareja R K. Dynamics of laser-ablated carbon plasma: formation of C_2 and CN[J]. Applied Optics, 2008, 47(31): 65-71.

[117] Cohen-Solal M. Strontium overload and toxicity: impact on renal osteodystrophy[J]. Nephrology Dialysis Transplantation, 2002, 17(2): 30-34.

[118] Khlifi R, Olmedo P, Gil F, et al. Arsenic, cadmium, chromium and nickel in cancerous and healthy tissues from patients with head and neck cancer[J]. Science of The Total Environment, 2013, 452-453: 58-67.

[119] Wang C, Ji J, Yang Z, et al. The contamination and transfer of potentially toxic elements and their relations with iron, vanadium and titanium in the soil-rice system from Suzhou region, China[J]. Environmental Earth Sciences, 2013, 68(1): 13-21.

[120] Asimellis G, Hamilton S, Giannoudakos A, et al. Controlled inert gas environment for enhanced chlorine and fluorine detection in the visible and near-infrared by laser-induced breakdown spectroscopy[J]. Spectrochimica Acta Part B: Atomic Spectroscopy, 2005, 60(7): 1132-1139.

[121] Tran M, Sun Q, Smith B W, et al. Determination of F, Cl, and Br in solid organic compounds by laser-induced plasma spectroscopy[J]. Applied Spectroscopy, 2001, 55(6): 739-744.

[122] Luque J, Crosley D R. LIFBASE: Database and spectral simulation program(Version 1. 5)[R]. SRI International Report MP, 1999, 99: 099.

[123] Amiri S H, Darbani S M R, Saghafifar H. Detection of BO_2 isotopes using laser-induced breakdown spectroscopy[J]. Spectrochimica Acta Part B, 2018, 150: 86-91.

[124] St-Onge L, Kwong E, Sabsabi M, et al. Quantitative analysis of pharmaceutical products by laser-induced breakdown spectroscopy[J]. Spectrochimica Acta Part B, 2002, 57: 1131-1140.

[125] Lucena P, Doña A, Tobaria L M, et al. New challenges and insights in the detection and spectral identification of organic explosives by laser induced breakdown spectroscopy[J]. Spectrochimica Acta Part B, 2011, 66: 12-20.

[126] Bol'shakov A A, Mao X L, Jain J, et al. Laser ablation molecular isotopic spectrometry of carbon isotopes[J]. Spectrochimica Acta Part B, 2015, 113: 106-112.

[127] Zaytesv S M, Krylov I N, Popov A M, et al. Accuracy enhancement of a multivariate calibration for lead determination in soils by laser-induced breakdown spectroscopy[J]. Spectrochimica Acta Part B: Atomic Spectroscopy, 2018, 140: 65-72.

[128] Zhang Z F, Li T, Huang S. Influence of the pressure and temperature on LIBS for gas

concentration measurements[J]. Spectrochimica Acta Part B, 2019, 155: 24-33.

[129] Kuo S C, Tsai Y I. Emission characteristics of allergenic terpenols in $PM_{2.5}$ released from incense burning and the effect of light on the emissions[J]. Science of the Total Environment, 2017, 495-504: 584-585.

[130] Aragón C, Aguilera J A. Direct analysis of aluminum alloys by CSigma laser-induced breakdown spectroscopy[J]. Analytica Chimica Acta, 2018, 1009(7): 12-19.

[131] Zhang Q, Jiang X J, Tong D, et al. Transboundary health impacts of transported global air pollution and international trade[J]. Nature, 2017, 543(7647): 705-709.

[132] Fu Z J, Chen Y M, Ding Y J, et al. Pollution source localization based on multi-UAV cooperative communication[J]. IEEE Access, 2019, 7: 29304-29312.

[133] Nunes L C, FilhoE R P, Guerra M B B, et al. A chemometric approach exploring Derringer's desirability function for the simultaneous determination of Cd, Cr, Ni and Pb in micronutrient fertilizers by laser-induced breakdown spectroscopy[J]. Spectrochimica Acta Part B, 2019, 154: 25-32.

[134] Hwang Y H, Lin Y S, Li C Y, et al. Incense burning at home and the blood lead level of preschoolers in Taiwan[J]. Environmental Science and Pollution Research International, 2014, 21(23): 13480-13487.

[135] Ma L, Li M, Huang Z X, Li L, et al. Real time analysis of lead-containing atmospheric particles in Beijing during springtime by single particle aerosol mass spectrometry[J]. Chemosphere, 2016, 154: 454-462.

[136] 付怀于, 闫才青, 郑玫, 等. 在线单颗粒气溶胶质谱 SPAMS 对细颗粒物中主要组分提取方法的研究[J]. 环境科学, 2014, 35(11): 4070-4077.

[137] 李梅, 李磊, 黄正旭, 等. 运用单颗粒气溶胶质谱技术初步研究广州大气矿尘污染[J]. 环境科学研究, 2011, 24(6): 632-636.

[138] Yang D N, Wang C, Wang Z Y, et al. Atmospheric Corrosion of Common Metals Used in Transformer Substation and Protection Measures[J]. Equipment Environmental Engineering, 2016, 13: 126-129.

[139] Rehan I, Khan M Z, Ali I, et al. Spectroscopic analysis of high protein nigella seeds (Kalonji) using laser-induced breakdown spectroscopy and inductively coupled plasma/optical emission spectroscopy[J]. Applied Physics B, 2018, 124(49): 1-8.

[140] 韦友欢, 黄秋婵. 铅对人体健康的危害效应及其防治途径[J]. 微量元素与健康研究, 2008, (4): 62-64.

[141] Hu Z J, Shi Y L, Niu H Y, et al. Synthetic musk fragrances and heavy metals in snow samples of Beijing urban area, China[J]. Atmospheric Research, 2012, 104: 302-305.

[142] 马翠红, 肖磊. 基于 LIBS 的钢水中 Mn 定量分析优化方法[J]. 华北理工大学学报(自然科学版), 2016, 38(3): 9-13.

[143] 刘彦, 陆继东, 李娉, 等. 内标法在激光诱导击穿光谱测定煤粉碳含量中的应用[J]. 中国电机工程学报, 2009, 29(5): 1-4.

[144] Ng Y W, Pang H F, Cheung S C. Laser induced fluorescence spectroscopy of boron carbide[J]. Chemical Physics Letters, 2011, 509(1): 16-19.

[145] Ram R S, Davis S P, Wallace L, et al. Fourier transform emission spectroscopy of the $B^2\Sigma^+$-$X^2\Sigma^+$ system of CN[J]. Journal of Molecular Spectroscopy, 2006, 237(2): 225-231.

[146] Wang L, Yang C L, Wang M S, et al. Spectroscopic properties and vibrational levels for $X^2\Sigma^+$ and $A^2\Pi$ states of CS^+ molecule: A multi-reference configuration interaction study[J]. Computational and Theoretical Chemistry, 2011, 976(s1-3): 94-97.

[147] Li J, Xu M, Ma Q, et al. Sensitive determination of silicon contents in low-alloy steels using micro laser-induced breakdown spectroscopy assisted with laser-induced fluorescence[J]. Talanta, 2018, 194: 397-702.

[148] Bol'Shakov A A, Yoo J H, Liu C, et al. Laser-induced breakdown spectroscopy in industrial and security applications[J]. Applied Optics, 2010, 49(13): C132-C142.

[149] Porizka P, Klus J, Prochazka D, et al. Laser-induced breakdown spectroscopy coupled with chemometrics for the analysis of steel: The issue of spectral outliers filtering[J]. Spectrochimica Acta Part B: Atomic Spectroscopy, 2016, 123: 114-120.

[150] Bulajic D, Corsi M, Cristoforetti G, et al. A procedure for correcting self-absorption in calibration free-laser induced breakdown spectroscopy[J]. Spectrochimica Acta Part B: Atomic Spectroscopy, 2002, 57(2): 339-353.

[151] Gondal M A, Hussain T. Determination of poisonous metals in wastewater collected from paint manufacturing plant using laser-induced breakdown spectroscopy[J]. Talanta, 2007, 71(1): 73-80.

[152] Cousin A, Forni A, Maurice S, et al. Laser induced breakdown spectroscopy library for the Martian environment[J]. Spectrochimica Acta Part B: Atomic Spectroscopy, 2011, 66(11-12): 805-814.

[153] Mullen V D, Am J. On the atomic state distribution function in inductively coupled plasmas-II. The stage of local thermal equilibrium and its validity region[J]. Spectrochimica Acta Part B: Atomic Spectroscopy, 1990, 45(1-2): 1-13.

[154] Aragon C, Aguilera J A. Characterization of laser induced plasmas by optical emission spectroscopy: A review of experiments and methods[J]. Spectrochimica Acta Part B: Atomic Spectroscopy, 2008, 63(9): 893-916.

[155] De L F C, Gottfried J L, Munson C A, et al. Double pulse laser-induced breakdown spectroscopy of explosives: Initial study towards improved discrimination[J]. Spectrochimica Acta Part B, 2007, 62(12): 1399-1404.

[156] Grégoire S, Motto-Ros V, Ma Q L, et al. Correlation between native bonds in a polymeric material and molecular emissions from the laser-induced plasma observed with space and time resolved imaging[J]. Spectrochimica Acta Part B: Atomic Spectroscopy, 2012, 74-75(Complete): 31-37.

[157] Mousavi S J , Doweidar M H . Numerical modeling of cell differentiation and proliferation in

force-induced substrates via encapsulated magnetic nanoparticles[J]. Computer Methods and Programs in Biomedicine, 2016, 130: 106-117.

[158] Kousehlar M , Widom E . Sources of metals in atmospheric particulate matter in Tehran, Iran: Tree bark biomonitoring[J]. Applied Geochemistry, 2019, 104: 71-82.

[159] Wang J G, Li X L, Wang C, et al. Effect of laser wavelength and energy on the detecting of trace elements in steel alloy[J]. Journal for Light-and Electronoptic, 2018, 166: 199-206.

[160] Eland K L, Stratis D N, Gold D M, et al. Energy dependence of emission intensity and temperature in a LIBS plasma using femtosecond excitation[J]. Applied Spectroscopy, 2001, 55(3): 286-291.

[161] Richard N. Inside the black box[J]. Nature, 1997, 388(6642): 522-523.

[162] Mahlman J D. Uncertainties in Projections of Human-Caused Climate Warming[J]. Science, 1997, 278(5342): 1416-1417.

[163] Zachos J C, Dickens G R, Zeebe R E. An early Cenozoic perspective on greenhouse warming and carbon-cycle dynamics[J]. Nature, 2008, 451(7176): 279-283.

[164] William R W, Cory C C, David M L, et al. Effects of model structural uncertainty on carbon cycle projections: Biological nitrogen fixation as a case study[J]. Environmental Research Letters, 2015, 10(4): 044016.

[165] Luo Y Q, Trevor F K, Matthew S. Predictability of the terrestrial carbon cycle[J]. GCB Bioenergy, 2014, 21(5): 1737-1751.

[166] Chen W, Lu J, Jiang S Y, et al. In situ carbon isotope analysis by laser ablation MC-ICP-MS[J]. Analytical Chemistry, 2017, 89(24): 13415-13421.

[167] Maurice S, Clegg S M, Wiens R C, et al. ChemCam activities and discoveries during the nominal mission of the Mars Science Laboratory in Gale crater, Mars[J]. Journal of Analytical Atomic Spectrometry, 2016, 31(4): 863-889.

[168] Gustavo N, Giorgio S S, Renan A R, et al. Signal enhancement in collinear double-pulse laser-induced breakdown spectroscopy applied to different soils[J]. Spectrochimica Acta Part B: Atomic Spectroscopy, 2015, 111: 23-29.

[169] Gabriel G A de C, Marcelo B B G, Andressa A, et al. Recent advances in LIBS and XRF for the analysis of plants[J]. Journal of Analytical Atomic Spectrometry, 2018, 33(6): 919-944.

[170] Li X W, Yin H L, Wang Z, et al. Quantitative carbon analysis in coal by combining data processing and spatial confinement in laser-induced breakdown spectroscopy[J]. Spectrochimica Acta Part B: Atomic Spectroscopy, 2015, 111: 102-107.

[171] Yao S C, Mo J H, Zhao J B, et al. Development of a rapid coal analyzer using laser-induced breakdown spectroscopy(LIBS)[J]. Applied Spectroscopy, 2018, 72(8): 1225-1233.

[172] Hartzler D A, Jain J C, McIntyre D L. Development of a subsurface LIBS sensor for in situ groundwater quality monitoring with applications in CO_2 leak sensing in carbon sequestration[J]. Scientific Reports, 2019, 9(1): 303-305.

[173] Richard E R, Alexander A B, Mao X L, et al. Laser ablation molecular isotopic

spectrometry[J]. Spectrochimica Acta Part B: Atomic Spectroscopy, 2011, 66(2): 99-104.

[174] Zhu Z H, Li J M, Hao Z Q, et al. Isotopic determination with molecular emission using laser-induced breakdown spectroscopy and laser-induced radical fluorescence[J]. Optics Express, 2019, 27(2): 470-482.

[175] Forkel M, Carvalhais N, Rödenbeck C, et al. Enhanced seasonal CO_2 exchange caused by amplified plant productivity in northern ecosystems[J]. Science, 2016, 351(6274): 696-699.

[176] Murphy C, Yamaguchi D, Rainey P M. Helicobacter pylori ^{13}C-urea breath test: The unique challenges of validating a CLIA-waived test[J]. American Journal of Clinical Pathology, 2015, 143: 11.

[177] Cerling T E, Barnette J E, Chesson L A, et al. Radiocarbon dating of seized ivory confirms rapid decline in African elephant populations and provides insight into illegal trade[J]. Proceedings of the National Academy of Sciences of the United States of America, 2016, 113(47): 13330-13335.

[178] Marti R M, Carrey R, Viladés M, et al. Use of nitrogen and oxygen isotopes of dissolved nitrate to trace field-scale induced denitrification efficiency throughout an in-situ groundwater remediation strategy[J]. Science of the Total Environment, 2019, 686: 709-718.

[179] Vanderklift M A, Ponsard S. Sources of variation in consumer-diet δ^{15}N enrichment: A meta-analysis[J]. Oecologia, 2003, 136: 169-182.

[180] Zhao Y Y, Zheng B H, Jia H F, et al. Determination sources of nitrates into the Three Gorges Reservoir using nitrogen and oxygen isotopes[J]. Science of the Total Environment, 2019, 687: 128-136.

[181] 周志华. 机器学习[M]. 北京: 清华大学出版社, 2016.

[182] Mohri M, Rostamizadeh A, Talwalkar A. Foundations of Machine Learning[M]. 2nd ed. London: The MIT Press, 2018.

[183] Jolliffe I T. Principal component analysis[M]. 2nd ed. New York: Springer, 2002.

[184] Pořízka P, Klus J, Képeš E, et al. On the utilization of principal component analysis in laser-induced breakdown spectroscopy data analysis: A review[J]. Spectrochimica Acta Part B: Atomic Spectroscopy, 2018, 148: 65-82.

[185] Vapnik V. The Nature of Statistical Learning theory[M]. New York: Springer, 1995.

[186] Rumelhart D E, Hinton G E, Williams R J. Learning representations by back propagating errors[J]. Nature, 1986, 323(6088): 533-536.

[187] 温正, 孙华克. MATLAB 智能算法[M]. 北京: 清华大学出版社, 2017.

[188] Lung S, Kao M C, Hu S C. Contribution of incense burning to indoor PM_{10} and particle-bound polycyclic aromatic hydrocarbons under two ventilation conditions[J]. Indoor Air, 2003, 13(2): 194-199.

[189] Myers I, Maynard R L. Polluted air-outdoors and indoors[J]. Occupational Medicine, 2005, 55: 432-438.

[190] 张磊, 王哲, 丁洪斌. LIBS 在气溶胶诊断方面的应用[J]. 大气与环境光学学报, 2016,

11(5): 338-346.

[191] Qu Y F, Ji H, Oudray F, et al. Online composition detection and cluster analysis of Tibetan incense[J]. Optik - International Journal for Light and Electron Optics, 2021, 241: 166999.

[192] Ishii A, Seno H, Watanabe-Suzuki K, et al. Determination of cyanide in whole blood by capillary gas chromatography with cryogenic oven trapping[J]. Analytical Chemistry, 1998, 70(22): 4873-4876.

[193] Gangolli S D, Brandt P A, Feron V J, et al. Nitrate, nitrite and N-nitroso compounds[J]. European Journal of Pharmacology: Environmental Toxicology and Pharmacology, 1994, 292(1): 1-38.

[194] Song J J, George C Y C, Mao X L, et al. Multivariate nonlinear spectral fitting for uranium isotopic analysis with laser-induced breakdown spectroscopy[J]. Spectrochimica Acta - Part B: Atomic Spectroscopy, 2018, 150: 67-76.

[195] Hervé A, Williams L J. Principal component analysis[J]. Wiley Interdisciplinary Reviews Computational Statistics, 2010, 2(4): 433-459.

[196] Davò F, Alessandrini S, Sperati S, et al. Post-processing techniques and principal component analysis for regional wind power and solar irradiance forecasting[J]. Solar Energy, 2016, 134(sep.): 327-338.

[197] He X, Liu Y, Huang S L, et al. Raman spectroscopy coupled with principal component analysis to quantitatively analyze four crystallographic phases of explosive CL-20[J]. RSC Advances, 2018, 8(41): 23348-23352.

[198] Nadkarni J, Neves F R. Combining neuro evolution and principal component analysis to trade in the financial markets[J]. Expert Systems with Application, 2018, 103: 184-195.

[199] Yilgin M, Pehlivan D. Emissions during volatiles and char combustion periods of demineralized lignite and wood blends[J]. International Journal of Green Energy, 2011, 8: 857-868.

[200] Meul S, Dameris M, Langematz U, et al. Impact of rising greenhouse gas concentrations on future tropical ozone and UV exposure[J]. Geophysical Research Letters, 2016, 43: 2919-2927.

[201] Wan E, Sun Z, Liu Y. Real-time in situ detection and source tracing of different soot[J]. Optik, 2021, 245: 167711.

[202] Tang J, Li Z, Xie M, et al. Optical fiber bio-sensor for phospholipase using liquid crystal[J]. Biosensors amd Bioelectronics, 2020, 170: 112547.

[203] Yao M, Yang H, Huang L, et al. Detection of heavy metal Cd in polluted fresh leafy vegetables by laser-induced breakdown spectroscopy[J]. Applied Optics, 2017, 56: 4070-4075.

[204] Tian Y, Yan C, Zhang T, et al. Classification of wines according to their production regions with the contained trace elements using laser-induced breakdown spectroscopy[J]. Spectrochimica Acta Part B: Atomic Spectroscopy, 2017, 135: 91-101.

[205] Amodeo T, Dutouquet C, Le B O, et al. On-line determination of nanometric and sub-micrometric particle physicochemical characteristics using spectral imaging-aided Laser-Induced Breakdown Spectroscopy coupled with a Scanning Mobility Particle Sizer[J]. Spectrochimica Acta Part B: Atomic Spectroscopy, 2009, 64: 1141-1152.

[206] Guo X Q, Zheng F, Li C L, et al. A portable sensor for in-situ measurement of ammonia based on near-infrared laser absorption spectroscopy[J]. Optics and Lasers in Engineering, 2019, 115, 243-248.

[207] Guo H, Lee S C, Chan L Y, et al. Risk assessment of exposure to volatile organic compounds in difffferent indoor environments[J]. Environmental Research, 2004, 94(1): 57-66.

[208] Rager J E, Lichtveld K, Ebersviller S, et al. A toxicogenomic comparison of primary and photochemically altered air pollutant mixtures[J]. Environmental Health Perspectives, 2011, 119(11): 1583-1589.

[209] Chang H, Feng S L, Qiu X B, et al. Implementation of the toroidal absorption cell with multi-layer patterns by a single ring surface[J]. Optics Letters, 2020, 45(21): 5897-5900.

[210] Prince B J, Milligan D B, McEwan M J. Application of selected in flow tube mass spectrometry to real-time atmospheric monitoring[J]. Rapid Commun Mass Spectrom, 2010, 24(12): 1763-1769.

[211] Stutz J, Werner B, Spolaor M, et al. A new differential optical absorption spectroscopy instrument to study atmospheric chemistry from a high-altitude unmanned aircraft[J]. Atmospheric Measurement Techniques, 2017, 10(3): 1017-1042.

[212] Reimann S, Vollmer M K, Hill M, et al. Long-term observations of atmospheric halogenated organic trace gases[J]. CHIMIA International Journal for Chemistry, 2020, 74(3): 136-141.

[213] Huang Z X, Gao W, Dong J G, et al. Development of a real-time single particle aerosol time-of-flflight mass spectrometer[J]. Journal of Chinese Mass Spectrometry Society, 2010, 31(6): 331-336.

[214] Mohr C, Ramisetty R, Abdelmonem A, et al. Exploring femtosecond laser ablation in single-particle aerosol mass spectrometry[J]. Atmospheric Measurement Techniques, 2018, 11(7): 4345-4360.

[215] Nave G, Johansson S, Learner R C M, et al. A new multiplet table for Fe I[J]. Astrophysical Journal, Supplement Series, 1994, 94: 221-459.

[216] Moran J, Snyder G. Halogens and their isotopes in marine and terrestrial systems[J]. Applied Geochemistry, 2007, 22(3): 491-493.

[217] Horst A, Lacrampe-Couloume G, Sherwood Lollar B. Vapor pressure isotope effects in halogenated organic compounds and alcohols dissolved in water[J]. Analytical Chemistry, 2016, 88(24): 12066-12071.

[218] Shan H M, Teng M, Liu C F, et al. An overview of analytical methods of bromine stable isotope(^{81}Br)of BOCs and its significance to biogeochemical cycle[J]. Advances in Earth Science, 2011, 26(8): 811-821.

[219] Be K B, Grabska J, Huck C W. Effect of conformational isomerism on NIR spectra of ethanol isotopologues. Spectroscopic and anharmonic DFT study [J]. Journal of Molecular Liquids, 2020, 310: 13271.

[220] Toyota S. Rotational isomerism involving acetylene carbon[J]. Chemical Reviews, 2010, 110(9): 5398-5424.

[221] De Silva N, Zahariev F, Hay B P, et al. Conformations of organophosphine oxides[J]. Journal of Physical Chemistry A, 2015, 119(32): 8765-8773.

[222] Shen Y J, Zhang X D, Brook J R, et al. Satellite remote sensing of air quality in the energy golden triangle in Northwest China[J]. Environmental Science and Technology Letters, 2016, 3: 275-279.

[223] Yuan X L, Teng Y Q, Yuan Q, et al. Economic transition and industrial sulfur dioxide emissions in the Chinese economy[J]. Science of The Total Environment, 2020, 744: 140826.

[224] Chow J C, Watson J G, Shah J J, et al. Megacities and atmospheric pollution[J]. Journal of the Air and Waste Management Association, 2004, 54(10): 1226-1235.

[225] Lilian C G, William R, Robert M, et al. Brain inflammation and alzheimer's-like pathology in individuals exposed to severe air pollution[J]. Circulation, 2015, 32(6): 650-658.

[226] Likens G E, Driscoll C T, Buso D C, et al. Long-term effects of acid rain: Response and recovery of a forest ecosystem[J]. Science. 1996, 272(5259): 244-246.

[227] Vahedpour M, Zolfaghari F. Mechanistic study on the atmospheric formation of acid rain base on the sulfur dioxide[J]. Structural Chemistry, 2011, 22: 1331-1338.

[228] Yun J N, Zhu C, Wang Q, et al. Catalytic conversions of atmospheric sulfur dioxide and formation of acid rain over mineral dusts: Molecular oxygen as the oxygen source[J]. Chemosphere, 2019, 217: 18-25.

[229] Kapma M, Castanas E. Human health effects of air pollution[J]. Environ. Pollution, 2008, 151(2): 362-367.

[230] Baudelet M, Willis C C C, Shah L, et al. Laser-induced breakdown spectroscopy of copper with a 2μm thulium fiber laser[J]. Opt. Express, 2010, 18(8): 7905.

[231] Pagnotta S, Lezzerini M, Campanella B, et al. Fast quantitative elemental mapping of highly inhomogeneous materials by micro-laser-induced breakdown spectroscopy[J]. Spectrochimica Acta Part B: Atomic Spectroscopy, 2018, 146: 9-15.

[232] Gaft M, Nagli L, Fasaki I, et al. Laser-induced breakdown spectroscopy for on-line sulfur analyses of minerals in ambient conditions[J]. Spectrochimica Acta Part B, 2009, 64: 1098-1104.

[233] Sansonetti J E, Martin W C. Handbook of basic atomic spectroscopic data[J]. Journal of Physical and Chemical Reference Data, 2005, 34: 1559-2259.

[234] Labutin T A, Popov A M, Zaytsev S M, et al. Determination of chlorine, sulfur and carbon in reinforced concrete structures by double-pulse laser-induced breakdown spectroscopy[J]. Spectrochimica Acta Part B: Atomic Spectroscopy, 2014, 99: 94-100.

[235] Li L, Huang Z X, Dong J G, et al. Real time bipolar time-of-flight mass spectrometer for analyzing single aerosol particles[J]. International Journal of Mass Spectrometry, 2011, 303(2-3): 118-124.

[236] Murphy D M, Cziczo D J, Froyd K D, et al. Single-particle mass spectrometry of tropospheric aerosol particles [J]. Journal of Geophysical Research, 2006, 111(D23): D23S32.

[237] Peterson B J. Stable isotopes as tracers of organic matter input and transfer in benthic food webs: A review[J]. Acta Oecologica, 1999, 20(4): 479-487.

[238] Peterson B J, Howarth R W, Garritt R H. Sulfur and carbon isotopes as tracers of salt-marsh organic matter flow[J]. Ecology, 1986, 67(4): 865-874.

[239] Dudragne P L, Amouroux A J. Time resolved laser-induced breakdown spectroscopy: Application for qualitative and quantitative detection of fluorine, chlorine, sulfur, and carbon in air[J]. Applied Spectroscopy, 1998, 52: 321-1327.

[240] Burakov V S, Tarasenko N V, Nedelko M I, et al. Analysis of lead and sulfur in environmental samples by double pulse laser induced breakdown spectroscopy[J]. Spectrochimica Acta Part B, 2009, 64: 141-146.

[241] Salle B, Lacour J L, Vors E, et al. Laser-induced breakdown spectroscopy for Mars surface analysis: Capabilities at stand-off distances and detection of chlorine and sulfur elements[J]. Spectrochimica Acta Part B, 2004, 59: 1413-1422.

[242] Gazeli O, Stefas D, Couris S. Sulfur detection in soil by laser induced breakdown spectroscopy assisted by multivariate analysis[J]. Materials, 2021, 14(3): 541.

[243] Trichard F, Forquet V, Gilon N, et al. Detection and quantification of sulfur in oil products by laser-induced breakdown spectroscopy for on-line analysis[J]. Spectrochimica Acta Part B, 2016, 118: 72-80.

[244] Hrdlika A, Hegrova J, Havrlova E, et al, Calibration standards for laser-induced breakdown spectroscopy analysis of asphalts[J]. Spectrochimica Acta Part B: Atomic Spectroscopy, 2020, 170: 105919.

[245] 吴辰熙, 祁士华, 苏秋克, 等. 福建省兴化湾大气沉降中重金属的测定[J]. 环境化学, 2006, (6): 781-784.

[246] 王天运, 王世琦, 高缨. 环境污染事故放射性气溶胶扩散的应急控制及消除方法[J]. 核安全, 2021, 20(3): 17-24.

[247] 张乃明. 环境土壤学[M]. 北京: 中国农业大学出版社, 2013.

[248] 张志锋, 韩庚辰, 王菊英. 中国近岸海洋环境质量评价与污染机制研究[M]. 北京: 海洋出版社, 2013.

[249] 王阳, 李宝刚, 章明奎. 大气沉降对茶叶重金属积累的影响[J]. 科技导报, 2011, 29(21): 55-59.

[250] Lu X, Liu Y, Zhang Q, et al. Study on tea harvested in different seasons based on laser-induced breakdown spectroscopy[J]. Laser Physics Letters, 2020, 17(1): 015701.

[251] 龙杰, 杨瑞东, 毕坤, 等. 贵定云雾贡茶优良品质与生长环境相关性分析[J]. 广东农业科

学, 2012(9): 28-32.

[252] Epuru N R, Sunku S, Tewari S P, et al. CN, C$_2$ molecular emissions from pyrazole studied using femtosecond LIBS[C]// International Conference on Fibre Optics and Photonics, 2012: 1-3.

[253] Tang J L, Liu B Y, Ma K W. Traditional Chinese medicine[J]. Lancet, 2008, 372(9654): 1938-1940.

[254] Hui Z, Tan C, Wang H, et al. Study on the history of traditional Chinese medicine to treat diabetes[J]. European Journal of Integrative Medicine, 2010, 2(1): 41-46.

[255] Normile D. Asian medicine. The new face of traditional Chinese medicine[J]. Science, 2003, 299(5604): 188-190.

[256] Paterson R R . Cordyceps - A traditional Chinese medicine and another fungal therapeutic biofactory?[J]. Phytochemistry, 2008, 69(7): 1469-1495.

[257] Lin A X , Chan G , Hu Y, et al. Internationalization of traditional Chinese medicine: current international market, internationalization challenges and prospective suggestions[J]. Chinese Medicine, 2018, 13(1): 9.

[258] Luo L, Ren J, Zhang F, et al. The effects of air pollution on length of hospital stay for adult patients with asthma[J]. International Journal of Health Planning and Management, 2018(33): 751-767.

[259] Lin S. Effect of Trace Elements in traditional Chinese medicine in the light of Chinese medicinal theory[J]. China Journal of Chinese Materia Medica, 1989.

[260] 周枭潇, 毕春娟, 汪萌, 等. 大气沉降对叶菜重金属的污染效应及其健康风险[J]. 华东师范大学学报(自然科学版), 2018, (2): 141-150.

[261] Dowlatshahi A R, Haratinezhad T, Loloei M. Adsorption of copper, lead and cadmium from aqueous solutions by activated carbon prepared from saffron leaves[J]. Journal of Environmental Health Science and Engineering, 2015, 1, 37-44.

[262] Zhang C Y, Liu Y, Saleem S, et al. Online in situ detection and rapid distinguishing of saffron[J]. Journal of Laser Applications, 2020, 32(3): 032020.

[263] On A, Jfp B, Jt A. Exploring the presence of pollutants at sea: Monitoring heavy metals and pesticides in loggerhead turtles(Caretta caretta)from the western Mediterranean[J]. Science of The Total Environment, 2017, 598: 1130-1139.

[264] Cochrane E L, Lu S, Gibb S W, et al. A comparison of low-cost biosorbents and commercial sorbents for the removal of copper from aqueous media[J]. Journal of Hazardous Materials, 2006, 137: 198-206.

[265] Zhang Q H, Liu Y Z, Yin W Y, et al. Quantitative analysis of Pb in kelp samples and offshore seawater by laser-induced breakdown spectroscopy[J]. Laser Physics, 2018, 28(8): 085703.

[266] 周洪英, 王学松, 李娜, 等. 3 种大型海藻对含铅废水的生物吸附研究[J]. 环境工程学报, 2010, 4(2): 331-336.

[267] Gardea T, Jorge L, Hosea J M, et al. Effect of chemical modification of algal carboxyl groups

on metal ion binding[J]. Environmental Science and Technology, 1990, 24(9): 1372-1378.

[268] Xing Y Z, Zhou H L, Wu B, et al. Assessment of marine environmental stress based on the integrated biomarker response index model: A case study in west coast of Guangxi[J]. Chinese Journal of Applied Ecology, 2013, 24(12): 3581-3587.

[269] Liu R X, Wang X H, Hong H S, et al. Application of biomarkers in marine environment monitoring[J]. Marine Environmental Science, 2003, (3): 68-73.

[270] 杨明磊, 刘玉柱. 基于激光诱导击穿光谱技术的条斑紫菜元素探测研究[J/OL]. 激光与光电子学进展: 1-13[2021-08-10].

[271] Jia H Y, Guo G Q, Zhao F Q, et al. Investigation on Hardness of D2 steel based on Laser-Induced Breakdown Spectroscopy[J]. Spectroscopy and Spectral Analysis, 2020, 40(12): 3895-3900.

[272] Huddlestone, R H, Leonard S L, Furth H P. Plasma diagnostic techniques[J]. Physics Today, 1966, 19(9): 94-95.

[273] Portnov A, Rosenwaks S, Bar I. Emission following laser-induced breakdown spectroscopy of organic compounds in ambient air[J]. Applied Optics, 2003, 42(15): 2835-2842.

[274] Wentz F J, Meissner T. Atmospheric absorption model for dry air and water vapor at microwave frequencies below 100GHz derived from spaceborne radiometer observations[J]. Radio Science, 2016, 51(5): 381-391.

[275] Tie X X, Huang R J, Cao J J, et al. Severe pollution in china amplified by atmospheric moisture[J]. Scientific Reports, 2017, 7: 15760.

[276] Maltagliati L, Meissner T, Fedorova A, et al. Evidence of water vapor in excess of saturation in the atmosphere of mars[J]. Science, 2011, 33(6051): 1868-1871.

[277] Wei Q, Xun J Z, Liao L X, et al. Indicators for evaluating trends of air humidification in arid regions under circumstance of climate change: Relative humidity(RH)vs. Actual water vapour pressure(e$_a$)[J]. Ecological Indicators, 2021, 121: 107043.

[278] Wolkoff P. Indoor air humidity, air quality, and health - An overview[J]. International Journal of Hygiene and Environmental Health, 2018, 221(3): 376-390.

[279] Carnerup M A, Spanne M, Jonsson B A G. Levels of N-methyl-2-pyrrolidone(NMP)and its metabolites in plasma and urine from volunteers after experimental exposure to NMP in dry and humid air[J]. Toxicology Letters, 2006, 162(2-3): 139-145.

[280] Xia L F, Li G. The frictional behavior of DLC films against bearing steel balls and Si_3N_4 balls in different humid air and vacuum environments[J]. Wear, 2011, 264(11-12): 1077-1084.

[281] Shaaban A, Hayashi S, Takeyama M. Effects of water vapor and nitrogen on oxidation of TNM alloy at 650 ℃[J]. Corrosion Science, 2019, 158: 108080.

[282] Le Barbu T, Vinogradov I, Durry G, et al. TDLAS a laser diode sensor for the in situ monitoring of H_2O, CO_2 and their isotopes in the Martian atmosphere[J]. Advances in Space Research, 2006, 38(4): 718-725.

[283] Bahadori A, Zahedi G, Zendehboudi S, et al. Simple predictive tool to estimate relative

humidity using wet bulb depression and dry bulb temperature[J]. Applied Thermal Engineering, 2013, 50(1): 511-515.

[284] Wang Y L, Liu Y Q, Zou F, et al. Humidity sensor based on a long-period fiber grating coated with polymer composite film[J]. Sensors, 2019, 19(10): 2263.

[285] Hun D V, Tong S, Nakano Y, et al. Measurements of particle size distributions produced by humidifiers operating in high humidity storage environments[J]. Biosystems Engineering, 2010, 107(1): 54-60.

[286] Yao W C, Gallagher D L, Marr L C, et al. Emission of iron and aluminum oxide particles from ultrasonic humidifiers and potential for inhalation[J]. Water Research, 2019, 164: 114899.

后　　记

　　建设生态文明是中华民族永续发展的千年大计。必须树立和践行绿水青山就是金山银山的理念，坚持节约资源和保护环境的基本国策，像对待生命一样对待生态环境。

　　人类的生存离不开空气，空气质量与人类生活和生态环境息息相关。当前，大气环境污染正受到许多国家政府和人民的高度重视，各种污染物导致了负面的环境影响，造成了一系列严重的环境污染问题。而大气颗粒物、二氧化硫、氮氧化物、大气挥发性有机物等是我国大气污染控制主要关注点。基于光电探测技术的大气颗粒物和大气中有害气体成分的原位实时在线探测技术的研究及系统研制，既是国家生态文明建设的重大战略需求，又是光电产业快速发展的需求，对于大气污染防治和大气生态环境实时评价具有极为重要的意义。

　　十九大提出，要坚持全民共治、源头防治，持续实施大气污染防治行动，打赢蓝天保卫战。为了建设生态文明，我国科研人员在大气污染研究方面注入了大量精力，将光谱学技术应用于环境监测，开拓了光学与环境科学的交叉研究领域；发展了高灵敏环境监测新方法、新技术；研发了系列先进环境监测设备，促进了中国环境监测技术的进步。本书由国内相关研究的一线科研小组组稿，将激光诱导击穿光谱技术运用于大气环境污染的检测研究。本书的研究成果涉及多个方面，如大气颗粒物重金属元素及同位素原位在线探测、大气环境中的碳及同位素在线探测、大气污染的溯源、大气中 VOCs 和硫的探测、大气湿沉降的农作物污染研究以及大气水汽探测研究等，这为光谱技术在环境科学中的应用提供了新思路。

　　目前，LIBS 的定量化性能还不是很高，不宜用于高精度要求的探测，但作为一种原位实时在线探测技术，其定性的性能已经能满足许多应用的需求。未来，LIBS 的定量化性能、长期稳定性以及提高样品适用性都还需要进行更多的研究。如今，已有科研人员投入该领域的研究，相信在不久的将来，LIBS 的性能能够得到优化，为环境科学做出更大贡献。

　　生态文明建设功在当代、利在千秋。我们要牢固树立社会主义生态文明观，推动形成人与自然和谐发展的现代化建设新格局，为保护生态环境做出我们这代人的努力！